Humberto A

Nanoingeniería de Materiales usa

Humberto Alejandro Monreal Romero

Nanoingeniería de Materiales usando Moléculas Biológicas

Nanoingeniería de Materiales

Editorial Académica Española

Impresión
Información bibliográfica publicada por Deutsche Nationalbibliothek: La Deutsche Nationalbibliothek enumera esa publicación en Deutsche Nationalbibliografie; datos bibliográficos detallados están disponibles en internet en http://dnb.d-nb.de.

Imagen de portada: www.ingimage.com

Editor: Editorial Académica Española es una marca de
LAP LAMBERT Academic Publishing GmbH & Co. KG
Heinrich-Böcking-Str. 6-8, 66121 Saarbrücken, Alemania
Teléfono +49 681 3720-310, Fax +49 681 3720-3109
Correo Electronico: info@eae-publishing.com

Publicado en Alemania
Schaltungsdienst Lange o.H.G., Berlin, Books on Demand GmbH, Norderstedt,
Reha GmbH, Saarbrücken, Amazon Distribution GmbH, Leipzig
ISBN: 978-3-659-01876-3

Imprint (only for USA, GB)
Bibliographic information published by the Deutsche Nationalbibliothek: The Deutsche Nationalbibliothek lists this publication in the Deutsche Nationalbibliografie; detailed bibliographic data are available in the Internet at http://dnb.d-nb.de.

Cover image: www.ingimage.com

Publisher: Editorial Académica Española is an imprint of the publishing house
LAP LAMBERT Academic Publishing GmbH & Co. KG
Heinrich-Böcking-Str. 6-8, 66121 Saarbrücken, Germany
Phone +49 681 3720-310, Fax +49 681 3720-3109
Email: info@eae-publishing.com

Printed in the U.S.A.
Printed in the U.K. by (see last page)
ISBN: 978-3-659-01876-3

INDICE

Capitulo 2

Síntesis de nanopartículas de Ta_5O_2 en presencia de d-galactosa 3,6 anhidro-galactosa y modificación de su morfología por adición de ADN y Polilisina a través del proceso sol-gel in situ

Síntesis de nanopartículas de Ta_5O_2 por sol-gel in situ.

Preparación de las muestras para imágenes en MEB 20

3

Capitulo 6
Síntesis de nanoestructuras híbridas de ionómeros de vidrio en presencia de L-arginina a través del proceso sol-gel

4

Capitulo 9

Formación de nanopartículas de titanio usando polisacáridos por medio de la técnica

CAPITULO I

Obtención de Nanocilindros de Dióxido de Titanio dirigido por ADN mediante el proceso sol- gel

Resumen

En éste trabajo nosotros sintetizamos nanocilindros de dióxido de titanio de 30 a 400 nanómetros por medio de ADN del plásmido pBR322 de 4,362 pares de bases y el uso de isopropoxido de titanio como precursor por medio del proceso sol-gel. Los geles resultantes fueron calcinados y los polvos caracterizados por medio de Microscopio Electrónico de Barrido, Espectroscopia de Energía Dispersiva, Microscopio Electrónico de Transmisión, y Difracción de Rayos X. Los resultados muestran que la síntesis in vitro de nanocilindros en presencia de ADN, puede ser activada. Muchas otras moléculas sintéticas pueden ser producidas por medio del uso de sistemas orgánicos, es así como nosotros reportamos la síntesis de nanocilindros hechos de ácidos nucleicos en el precursor metálico de titanio los cuales pueden tener diversas aplicaciones en sistemas catalíticos, biomateriales y materiales nanoestructurados.

Palabras clave: Nanocilindros, sol-gel, ADN, dióxido de titanio,

Introducción

El entendimiento de los niveles moleculares en la síntesis de nuevos materiales, se ha incrementado gracias a la generación de nanomateriales, al diseño, y fabricación de nanodispositivos en la escala molecular y al autoensamblaje de diversos metales en sistemas biológicos [1]. El ensamblaje molecular es una herramienta importante en las décadas futuras, de ésta manera los principios básicos para la microfabricación pueden ser entendidos mediante el fenómeno del autoreconocimiento que se encuentra en la naturaleza. La llave en los elementos del autoensamblaje son la complementariedad química y la compatibilidad estructural de interacciones no covalentes [1]. Asimismo, se han desarrollado numerosos sistemas de autoensamblaje como modelos de estudio del plegamiento de proteínas y la conformación de las proteínas en diversas enfermedades, para electrónica molecular, ingeniería de superficie y nanotecnología [1]. El advenimiento de la biotecnología y la ingeniería genética, acoplada con los recientes avances en la química de ácidos nucleícos y la síntesis de péptidos, es el resultado de un cambio conceptual en el desarrollo de nuevos materiales [2,3]. La adición de cationes monovalentes y polivalentes como el péptido poli L-lisina, o la introducción de soluciones con péptidos dentro de medios fisiológicos, producen que éstos oligopéptidos se ensamblen espontáneamente para formar estructuras microscópicas y macroscópicas que pueden ser fabricadas dentro de formas geométricas [4]. Uno de los sistemas de autoensamblaje propuesto como modelo de estudio es el formado por el péptido poli L-lisina donde las cargas positivas de éste, interactúan con las cargas negativas del glutamato formando estructuras moleculares beta plegadas [5]. De ésta forma, se reporta un sistema módelo en solución de cetiltrimetilamonio al cual se le añaden moléculas de ADN para formar estructuras laminares, en donde las cargas negativas del ADN interactúan con las cargas positivas del cetiltrimetilamonio [6]. Por éstas razones, se justifica el uso de macromoléculas biológicas como el ADN de diferente origen, ya sea ADN viral, cromosomal, plásmidico, etc., proteínas sintéticas, o naturales, oligonúcleotidos, aminoácidos y péptidos por mencionar algunos, devido a que éstas

8

moléculas poseén la capacidad de reconocer selectivamente y poder unirse a otras especies para formar diferentes complejos como: nanopartículas, nanotubos, nanocilindros, entre otros. En éste trabajo en particular, se diseño el experimento con ADN plásmidico, ya que sólo utilizamos al ADN para que tenga un efecto de plantilla al añadir el precursor metálico, sin tener partícular interés en sus características genéticas, en éste caso nosotros usamos el precursor de titanio porque estamos interesados en la síntesis de biomateriales que tengan aplicaciones biomédicas como es la producción de prótesis, en éste caso, el titanio poseé la característica de ser un material biocompatible e inocuo en el organismo, por lo cual es escogido para la obtención de los nanocilindros, los resultados que se muestran en éste trabajo son de gran importancia, pues se pretende que sean utilizados en la síntesis de diferentes estructuras usando diversos precursores metálicos dependiendo del interés de cada grupo de investigación.

Materiales y métodos

El procedimiento de síntesis de nanocilindros de dióxido de titanio en presencia de ADN circular, se diseño de la siguiente forma: los nanocilindros de dióxido de titanio, fueron preparados en solución formando el sol de titanio, en etanol seguido por procesos de secado y tratamiento térmico. Con una micropipeta se preparó una solución de isopropóxido de titanio (Sigma Aldrich cat. 205273, 1 M, en etanol absoluto pH 5.2 marca Sigma Aldrich cat. E702-3) y se añadió 10 µl de la solución, dentro de un tubo de 1 ml, de ésta manera se adicionó, gota a gota 5 µg de ADN del plásmido pBR322 (35 µl) (marca Sigma Aldrich grado biología molecular cat. D-9893 Lot. 41k9049) y 50 µl de agua bidestilada (marca Pisa pH 7.0) para formar el gel, la muestra se incubó a 4° C por 10 días para evitar la rápida degradación del ADN y secar el gel, Posteriormente, la muestra fue calcinada a 700° C por tres horas, y los polvos recuperados, fueron analizados mediante microscopio electrónico de barrido, análisis de energía dispersiva de rayos x, microscopio electrónico de transmisión , y difracción de rayos x .

Resultados y discusión

En la imágen de la figura 1, (a) en MEB se muestra claramente la formación de los nanocilindros de dióxido de titanio en presencia de ADN, los nanocilindros tienen una forma tubular con diámetros aproximados de 400 nanómetros. La evaporación del etanol causa enriquecimiento de surfactante cationico junto con el anión del ADN, de ésta manera las cadenas del ADN se orientan perpendicularmente con las cadenas alquílicas del catión originando una atracción electrostática y una estabilidad termodinámica [6]. El surfactante catiónico de las cadenas alquílicas en éste caso no sólo promueven el ensamblaje sino también proveé la fuerza electrostática necesaria para mantener la conformación de las cadenas del ADN [6]. El grado de homogeneidad de los nanorods depende ligeramente de la velocidad de evaporación del solvente así como de la presencia del ADN durante el proceso de síntesis como fue demostrado en estudios de reproducibilidad al realizar un experimento control en Ausencia de ADN, figura 1 (b).

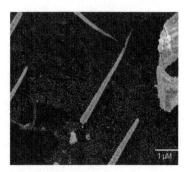

Fig. 1 (a) Imagen de microscopio electrónico de barrido de nanocilindros de dióxido de titanio después de calcinar a 700° C.

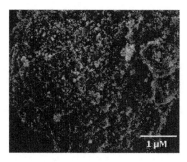

Fig. 1 (b) Imagen de microscopio electrónico de barrido de dióxido de titanio en ausencia de ADN.

En la figura 2 se muestran las imágenes de microscopía electrónica de transmisión en modo de campo claro, en la imagen (a) se observa la presencia de nanocilindros de dióxido de titanio en presencia de ADN, con un diámetro de 30 nanómetros, se aprecia que dicho nanocilindro presenta en su parte inferior una curvatura, en la imagen (b) de la misma figura se presenta otro nanocilindro con un diámetro aproximado de 130 nanómetros, se observa que en su superficie se forma un aspecto rugoso el cual tiende a ser igual a lo largo del nanocilindro.

El control de la morfología de los nanocilindros se basa en la unión entre los enlaces fosfodiester (un enlace covalente) que une mediante el fosfato los residuos de azúcares a través de los grupos OH de los carbono C-3' y C-5' de los nucleótidos , de ésta manera las moléculas del titanio durante el proceso de polimerización, se unen intermolecularmente dando lugar a una unión inéspecifica entre las cadenas de Adenina, Timina, Guanina y Citosina del ADN y el tItanio [7].

(a)   (b)

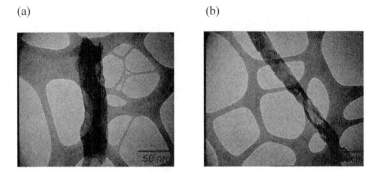

Fig. 2 - Imágenes (a y b) nanocilindros de dióxido de titanio en presencia de ADN después de calcinar a 700° C.

Las bases del ADN poseen átomos electronegativos de Oxígeno (excepto adenina), en posición exocíclica o extranuclear, y de Nitrógeno, tanto exocíclicos como en el anillo, nucleares. Como consecuencia son abundante los enlaces polares, lo que les permite interaccionar entre sí mediante puentes de hidrogeno lo que mantiene íntegra la estructura del ADN, de ésta manera, la naturaleza aromática de los anillos hace que las bases tengan un marcado carácter apolar [8]. Es así como a pH ácido, como es el caso durante la realización de éste proceso, las bases nitrogenadas adquieren carga y se hacen más solubles en agua. Dévido al carácter poliánionico del ADN, casi siempre se encuentra neutralizado por interacción iónica con las cargas positivas de otras moléculas dando como resultado que su cristalización se facilite por la unión de iones metálicos [8]. Por lo tanto el fenómeno de ensamblaje tiene dos causas, en primer lugar, las moléculas del surfactante catiónico pueden ocupar el espacio de los pares de bases que contiene el ADN y de ésta manera ocurrir la orientación por medio de la reducción de la tensión, y segundo, con la formación de la estructura orientada, las cadenas alquilicas hacen que se lleve a cabo un efecto de plantilla [6].

En la figura 3 se muestra el espectro del material que revela la composición del dióxido de titanio de la muestra correspondiente a los nanocilindros en presencia de ADN, se observa un pico correspondiendo al titanio con un porcentaje en peso de 55.9 % y otro pico, el cual es característico del oxigeno con un valor de 44.10 % en peso.

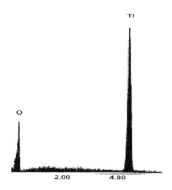

Fig. 3- Espectro de la composición de dióxido de titanio

En la figura 4 se presenta la caracterización de los nanocilindros de dióxido de titanio con ADN después de calcinar a 700° C por medio de la difracción de rayos x, en la gráfica se observa un pico de difracción, éste pico se encuentra a un plano de (101) a 25.2°, otro pico esta a un plano de (103) a 37.4° y el otro pico de difracción esta a un plano de (200) a 48.5°, existe otro pico de difracción a un plano de (105) a 54. 8°. Caruso y colaboradores [9], reportan la formación de anatasa a temperaturas de calcinamiento por debajo de 990° C. Cerca de ésta temperatura, la formación de la fase rutilo fue mencionada. Otros trabajos en la síntesis de nanoparticulas de dióxido de titanio reportan la formación de la fase anatasa y rutilo a temperaturas de calentamiento hidrotermal de cerca de 100° C a 150° C dependiendo de los compuestos químicos y el tratamiento térmico usados [10].

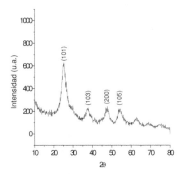

Fig. 4- Patrón de difracción de nanocilindros de dióxido de titanio después de calcinar a 700° C.

Conclusiones

En éste trabajo nosotros hemos reportado la síntesis de nanocilindros de dióxido de titanio en presencia de ADN por medio del proceso sol-gel el cual se ha convertido en una vía fácil para sintetizar materiales nanoestructurados, de ésta manera, la obtención de nanocilindros con diámetros de entre 30 a 400 nanómetros, pueden ser aplicados en diversas áreas de la ciencia de materiales, como nanobiomateriales para medicina, catálisis, dispositivos electrónicos, entre otros.

Referencias

1. Zhang S. " Emerging biological materials through molecular self- assembly".
Biotechnology Adv. Cambridge MA USA vol. 20 , p.321. **2002**

2. Urry D.W. Pattanaik A." Elastic protein- based materials in tissue reconstruction".
Ann Acad sci Nueva York, vol. 831: 32- 46 **1997**:

3. Petka W. et. al "Reversible hydrogels from self-assembling artificial proteins".
Science vol. 281: 389-92 **1998**

4. Holmes T. et. al " Extensive neurite out-growth and active neuronal synapses
on peptide scaffolds". *Proc Natl Acad Sci* USA; vol. 97, 33 :6728, **2000**

5. Marini D, et al "Left-handed helical ribbon intermediates in the self-assembly of a
b -sheet peptide". *Nano L ett*; vol. 2: p. 295-9. **2002**

6. Lili, W. Jonichi Y, and Naoya O. "Self-ass-embled Supramolecular Films Derived
-From Marine Deoxyribonucleic Acid (DNA) Cationic Surfactant Complexes: Large
-Scale Preparation and Optical and Thermal Properties". *Chem. Mater.* vol. 13,
num.4 .1273-1281. **2001**

7. Chistof M, Niemeyer,"Nanoparticles, proteins, and nucleic acids: Biotecnology
Meets " *Materials Science.* Angew Chem Int. Ed. Bremen Germany, vol. 40,
4128- 4158 2001

8. Cabrera L, Herráez S, Angel. "Handbook Molecular Biology and Engeenering Ge-
netic". Alcalá de Henares Madrid España, p. 34 –53 2001.

9. Caruso A R, Michael G, Frank W, and Markus A. "Macromolecules", *American
Chemical society.* vol. 14 **p.** 6335. 1998

10. Mogyorosi K, Dekani I, and Fendler J H. "Prepatation and Characterization of
Clay Mineral Intercalated Titanium Dioxide Nanoparticles" *American Chemical
society.* Vol. 19, p.2938. 2003.

CAPITULO 2

Síntesis de nanopartículas de Ta_5O_2 en presencia de d-galactosa 3,6 anhidro-l-galactosa y modificación de su morfología por adición de ADN y Polilisina a través del proceso sol-gel in situ

Resumen

En este trabajo se obtuvieron nanopartículas de Ta_5O_2 usando etóxido de tántalo en una solución de D-galactosa 3,6 anhidro-L-galactosa al 0.8% grado biología molecular para el control del tamaño de las partículas mediante el proceso sol-gel in situ, posteriormente las nanopartículas de Ta_5O_2 se prepararon en solución con agua bidestilada estéril para preparar diferentes complejos en presencia del aminoácido polilisina (Pll), ADN del plásmido pBR322 de 4363 pb como templado y solución buffer de fosfatos salino (PBS), estos complejos se designaron como: # 1-(Ta_5O_2 + Pll),# 2- (Ta_5O_2 + Pll + PBS), # 3- (Ta_5O_2 + Pll + ADN), # 4- (Ta_5O_2 + Pll + ADN + PBS). Los complejos 1 y 2 fueron incubados a temperatura ambiente y los complejos 3 y 4, a 65° c, posteriormente todas las muestras fueron almacenadas a 4° c hasta su uso. Para la caracterización tanto de las nanopartículas de tántalo y las estructuras formadas mediante los complejos, se realizarón técnicas de microscopía electrónica de barrido (MEB) y análisis de energía dispersiva de rayos X (EDAX). Los resultados muestran la síntesis de nanopartículas de Ta_5O_2 con tamaños de entre 200 y 500 nm con morfología tanto esférica como triangular, la cantidad de tántalo fue determinada por análisis EDAX. Las diferentes estructuras formadas mediante los complejos tienen un tamaño aproximado de 100 μm, éstos resultados permiten establecer una metodología en la cual se pueda sintetizar nanopartículas a microescala así como el reconocimiento molecular de diversos materiales en sistemas biológicos para la formación de estructuras con tamaños mayores y con morfología aleatoria y con ello lograr la optimización de recursos que se encuentran disponibles en la actualidad para los procesos sol-gel in situ.

Introducción

El reconocimiento molecular es una herramienta para ensamblar automáticamente materiales y dispositivos dentro de sistemas moleculares orgánicos, los organismos biológicos son construcciones de bloques moleculares compuestos por ácidos nucleicos, proteínas y fosfolípidos que se encuentran equipados para ensamblarse dentro de estructuras finamente organizadas

Una de las áreas en el desarrollo de nuevos materiales que incluyen la biología y las nanociencias estan basadas en el bioreconocimiento inducido de nanopartículas inorgánicas, como el uso de nanopartículas de oro unida con oligonucleotidos de streptavidina dopadas con ADN [1,2]. En una aplicación similar, se uso como templado ADN de timo de ternera para organizar nanopartículas de platino dentro de cadenas lineares del ADN [3]. En particular los óxidos de metales de transición, como el tántalo, titanio y vanadio, han sido generalmente aceptados como los metales de elección en la fabricación de dispositivos electrónicos, biomédicos y catalíticos, usando procesos químicos, de replicación y técnicas de templado [4,5].

Las macromoléculas como el ADN, frecuentemente actúan por reconocimiento o unión con partículas de diversos tamaños, formando una gran variedad de morfologías moleculares [6]. El reconocimiento de pequeñas construcciones de bloques para formar elementos estructurales y funcionales es una importante meta de la nanotecnología molecular. Asimismo éste reconocimiento de nanopartículas tiene aplicaciones en fotónica [7-11], biotecnología [12-14] y microelectrónica [15,16].

La utilización de nanopartículas con un tamaño controlado ha resultado un reto enorme para la nanotecnología, es así como se han llegado a probar diversos mecanismos para su obtención y control, algunas de las estrategias que se mencionan son las utilizadas por Sugimoto [17] y colaboradores en los cuales el uso de la formación de geles y la consiguiente adición de precursores metálicos, les ha permitido de alguna manera llegar al control del tamaño de las nanopartículas, otra de las estrategias usadas por Nils y cols. es el uso de geles de poliacrilamida en la síntesis de partículas de sílica [18]. De ésta manera en el presente trabajo, hemos reportado la síntesis de nanopartículas de tántalo mediante soluciones conteniendo D-galactosa 3,6 anhidro-L-galactosa al 0.8% para la formación del gel por el método sol-gel in situ y el reconocimiento a través del aminoácido polilisina, a su vez, también se utilizó como un sistema templado al ADN del plásmido pBR322 para formar estructuras moleculares aleatorias.

Materiales y métodos

Síntesis de nanopartículas de Ta_5O_2 por sol-gel in situ.

Se preparó 0.2 g de D-galactosa 3,6 anhidro-L-galactosa al 0.8% grado biología molecular marca Sigma (cat.A-9539) para tener una solución stock de 30 ml en H_20 bidestilada, se tomó 100 µl de la solución y se transfirió a un tubo ependorf de 1.5 ml, se calentó a 40° c por 30 min.

Posteriormente se tomaron 200 µl de etóxido de tántalo a una concentración de 1M pH 5.0 y 200 µl de etanol al 95 % para un volumen final de 500 µl, se resuspendió durante 15 minutos y se centrifugó la solución en microcéntrifuga a 12,000 rpm a temperatura ambiente durante 5 minutos, se decantó el sobrenadante y se lavó tres veces con agua bidestilada estéril, posteriormente la pastilla de gel se calcinó a 800° c por tres horas.

La muestra fue analizada en microscopio electrónico de barrido (MEB) marca JEOL modelo JSM-5800 LV, para obtener su morfología, así como también se cuantificó los diferentes elementos presentes en la muestra mediante análisis dispersivo de rayos X en EDAX modelo DX prime.

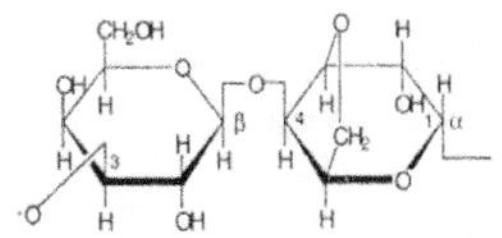

Fig. 1. Estructura de : D-galactosa, 3,6 anhidro-L-galactosa

Preparación de las nanopartículas de Ta_5O_2 para la formación de los complejos en presencia de Polilisina y ADN.

Complejo con Polilisina

Para realizar el complejo de las nanopartículas de Ta_5O_2 en presencia del aminoácido polilisina, se preparó en un microtubo de 0.6 ml, una solución con 50 µl de agua bidestilada estéril, a la cual se le adicionó las nanopartículas, posteriormente se sometieron a ultrasonido por 5 minutos a temperatura ambiente, después se tomaron 2 µl conteniendo las nanopartículas en un microtubo estéril de 0.6 ml, a la cual se le añadió 6 µl del aminoácido polilisina a una concentración de 5 mg/ml,(complejo #1) posteriormente se resuspendió gentilmente a temperatura ambiente y se incubó la solución a 4° c.

En otro experimento, (complejo #2) en un microtubo de 0.6 ml se preparó una solución de 2 µl con las nanopartículas y se le añadió 5 µl de polilisina a 5 mg/ml y 5 µl de buffer fosfato salino (PBS) pH 7.4, la muestra se resuspendió y se incubó a 4° c

.

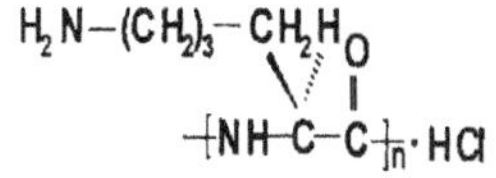

Fig.2. Estructura de: poli L-lisina, tomada de: Journal of Inorganic and Organometallic
Polymers, Vol.11, #3 September 2001

Complejo con ADN

Durante la síntesis del complejo en presencia de ADN, se realizaron dos experimentos control en microtubos de 0.6 ml, en el primero, se utilizó una solución de 5 µl conteniendo las nanopartículas de Ta_5O_2 a la cual se le añadió 4 µl del aminoácido polilisina a una concentración de 5mg/ml y 1.250 µg de ADN del plásmido pBR322, (complejo #3) conteniendo sus 4,362 pb, posteriormente se resuspendió gentilmente la solución y se incubó a 65° c por 10 minutos para desnaturalizar las cadenas de ADN, se sacó de la incubadora y se volvió a resuspender gentilmente a temperatura ambiente por 10 minutos, en el segundo experimento, (complejo # 4) se usó 5 µl de la solución conteniendo las nanopartículas de Ta_5O_2, se añadieron 5 µl de polilisina a una concentración de 5 mg/ml, 1.250 µg de ADN y 2 µl de buffer (PBS), se resuspendió suavemente y se calentó la muestra a 65° c por 10 minutos, se sacó de la incubadora y se resuspendió a temperatura ambiente por 10 minutos, ambas muestras se almacenaron a 4° c.

Preparación de las muestras para imágenes en MEB

Se tomaron 5 µl de la muestra conteniendo las nanopartículas de Ta_5O_2 en presencia de polilisina y 5 µl de la muestra en presencia de polilisina y ADN del plásmido pBR322 y se colocaron en dos portamuestras, se incubaron a temperatura ambiente por 15 horas, posteriormente se procedió a sacar las imágenes en microscopio electrónico de barrido (MEB)

Resultados y discusión

Síntesis de nanopartículas de Ta_5O_2 por medio de sol gel in situ.

En la imagen 1 (a) de la figura 3, se observa en MEB a una resolución de 15,000 x, 15 kv la formación de nanopartículas de Ta_5O_2 con un tamaño de 200 y 500 nm, dichas nanopartículas se encuentran en un conglomerado en el cual se muestra la homogeneidad de las partículas, la morfología circular se debe a la malla polimérica gelificada mediante la solución de D-galactosa 3,6 anhidro-L-galactosa en estado liquido lo cual hace que el tántalo al entrar en contacto con ella las partículas crezcan de una forma organizada a través de los poros del gel, esto, se pudo comprobar al realizar un experimento control en el cual no se adicionó D-galactosa 3,6 anhidro-L-galactosa para la síntesis de nanopartículas como se muestra en la imagen 1 (b) en MEB a una resolución de 30,000 x y 15 kv, como podemos apreciar estas estructuras están en un rango de tamaño de 2 y 8 μm de longitud y un diámetro de 1 y 2 μm y una morfología irregular, los poros del gel permiten establecer un parámetro de control sobre el tamaño de las partículas de Ta_5O_2 ya que se llega a tener una especie de molde para que el etóxido de tántalo se homogenice en partículas con morfología definida, asimismo se realizó un análisis mediante energía dispersiva de rayos x (EDAX) para determinar la presencia de tántalo presente en la muestra, como se observa en la figura 4, el porcentaje en peso para los diferentes elementos son: Peso del Tántalo =83.13 %, que corresponde al pico más alto en la gráfica, y peso del Oxígeno =16.87 %, quien se encuentra sobre un pico a la izquierda del tántalo, valores que dan como resultado la composición total de éstos elementos en la muestra con las nanopartículas.

(a)   (b)

Fig. 3.- Imágenes de MEB (a) nanoparticulas de Ta_5O_2 en solución con D-galactosa 3,6 anhidro-L-galactosa al 0.8%, (b) Ta_5O_2 sin D-galactosa 3,6 anhidro-L-galactosa.

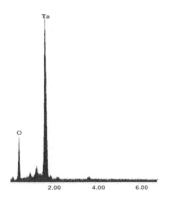

Energía (kv)

Fig 4.- se muestra un histograma del microanálisis realizado mediante EDAX a las nanopartículas de Ta_5O_2 sintetizadas por adición de D-galactosa 3,6 anhidro-L-galactosa al 0.8%

Complejo de nanopartículas de Ta_5O_2 en presencia de polilisina

En la imagen (c) de la figura 5, en MEB a una resolución de 20,000 x, 15 kv, se pueden observar nanopartículas de Ta_5O_2 en presencia del aminoácido polilisina, con una morfología triangular con una tamaño de 200 y 500 nm de diámetro, el tipo de formas de las nanoparticulas se desconoce en la actualidad, pero cabe especular que se debe a la presencia de la interacción de las cargas positivas del aminoácido polilisina, ya que éste se encuentra reaccionando en un medio con pH por debajo de su punto isoeléctrico, lo que hace que el aminoácido se encuentre protonado y con carga neta positiva lo cual permitiría que las uniones intermoleculares entre las nanopartículas de Ta_5O_2 y la polilisina se pueda dar dando lugar a morfologías triangulares ya que el reconocimiento molecular puede estar dado más a la autoorganización de las nanoparticulas que al hecho de uniones secuenciales.

(c)

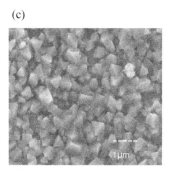

Fig 5.- Imágen (c) de MEB ,Ta_5O_2 en presencia de polilisina

Complejo de nanoparticulas de Ta$_5$O$_2$ en presencia de polilisina y ADN

En la imagen (d) de MEB de la figura 6, a una resolución de 13,000 x y 15 kv, correspondiente a la muestra conteniendo nanopartículas de Ta$_5$O$_2$ en presencia de polilisina y ADN del plásmido pBR322, se puede apreciar dos tipos de estructuras, la primera esta conformada por unos aglomerados irregulares con aspecto poroso y que se ven unidos unos con otros aunque no en su mayoría, y la segunda esta formada debajo de los aglomerados, en la imagen (e) en MEB a una resolución de 20,000 x y 15 kv y que corresponde a la misma muestra pero tomada a las partículas que conforman el piso sobre los cuales se encentran los aglomerados que están en la imagen (d), se pueden observar claramente las nanopartículas con tamaños de 200 y 500 nm con morfología similar a la encontrada en la imagen (c) de la figura 5.

El haber encontrado los aglomerados porosos irregulares que se muestran en la imagen (d), posiblemente la causa sea la interacción de las nanopartículas con las moléculas de ADN y la polilisina, lo cual se puede comprobar al comparar la imágen (c) de la figura 3, (la cual solo muestra un tipo de estructura), con las imágenes (d y e) de la figura 6, aunque en ambas imágenes aparecen las nanopartículas con los mismos tamaños de 200 y 500 nm, no aparecen los aglomerados irregulares en la muestra que contiene las nanopartículas de Ta$_5$O$_2$ con polilisina, cabe destacar que dichos aglomerados se encuentran en una ubicación por encima de la superficie de las partículas triangulares, esto, permitiría especular que la presencia de ADN y el aminoácido en la muestra, pudieran ser las responsables de que los aglomerados se encuentren en la superficie por estar constituidas en particulas de menor tamano que las que se encuentran en el fondo de la muestra .

(d)   (e)

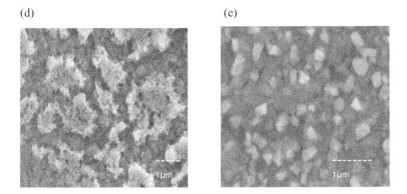

Fig. 6.- Imagen (d) en MEB complejo formado en presencia de Ta_5O_2 / polilisina y ADN, (e) imagen de la misma muestra mostrando las nanoparticulas en la parte inferior de los aglomerados.

Complejo de nanopartículas de Ta_5O_2, Pll, ADN y PBS

Con respecto a la formación del complejo de las nanopartículas de Ta_5O_2, en la imagen (f) de la fig. 7, en MEB, a una resolución de 85 x y 15 kv, se puede apreciar la formación de diferentes estructuras, las dos primeras estructuras que se localizan al centro de la imagen, presentan diferente morfología, la que se señala con una flecha esta conformada por otras tres formas con aspecto de cono de 100 µm de diámetro, toda la estructura tiene una morfología tetraédrica lo cual hace pensar que la unión entre cada uno de los conos que la conforman han dado lugar a que se forme de ésta manera y a que las nanopartículas con morfología triangular hayan llegado a unirse entre ellas, a su vez, esta estructura se encuentra unida con otra estructura en forma de cubo, la cual presenta unos bordes irregulares en su interior, alrededor de ambas estructuras se encuentran otras estructuras con aspecto dendrítico, rodeando a las estructuras centrales, éstas, son los residuos de NaCl y K que son constituyentes del buffer PBS y no alcanzan a unirse a su superficie, ésto quizá se deba a que los grupos hidrofóbicos del aminoácido que interaccionan con los residuos de las moléculas de agua presentes en el buffer, den como resultado una débil unión intermolecular entre las cargas de las partículas de tántalo, polilisina, ADN y las moléculas de los constituyentes del buffer PBS, provocando repulsión electrostática para poder interaccionar. En la imagen (g) de MEB a una resolución de 350 x y 15 kv, se muestra un acercamiento de la estructura central tetraédrica que se localiza en la imagen (f) de la fig 7, conteniendo los tres conos, se aprecia en la cara anterior de cada cono un aspecto rugoso y en dos de ellas bordes irregulares, en las tres en su cara superior se observa la superficie lisa lo cual se podría especular que ésta parte esta formada por la base de la estructura, aunque no podría definirse con claridad si estos tres conos son parte de una misma estructura o si son una unión independiente de otra estructura y en la cual éstas se hallan sobrepuestas por el hecho de formar parte del reconocimiento molecular espontáneo que caracteriza a las interacciones no covalentes. Asimismo, en la imagen (h) de la figura 7, en MEB a una resolución de 15,000 x 15 kv, se tiene un acercamiento de la base en la que se encuentran las estructuras en forma dendrítica, se puede apreciar claramente que se trata de nanopartículas con morfología triangular similar a las encontradas en la muestra correspondiente a la imagen (c) de la figura 5, con un tamaño de entre 200 y 500 nm, sobre ella se observa una de estructura transparente ya que deja ver las nanopartículas que se encuentran en el fondo, tiene un diámetro de entre 2 y 3 μm, es de aspecto liso y gris y de acuerdo a los resultados de los análisis en EDAX esta estructura contiene NaCl y no contiene tántalo, la formación de este tipo de estructura es un dato concluyente para asegurar que la presencia del buffer PBS juega un papel importante en el aumento de la unión intermolecular entre los complejos Ta_5O_2/PLL/ADN/PBS.

(f)   (g)

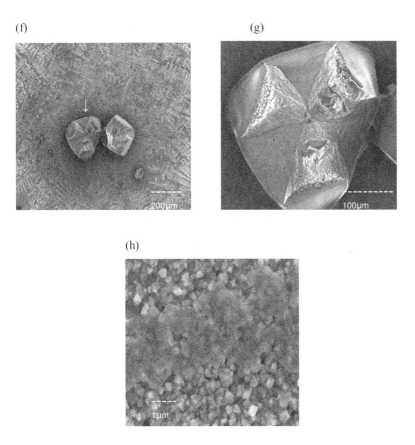

(h)

Fig. 7.- Imagen de MEB (f) en donde se muestra el complejo formado por Ta$_5$O$_2$ polilisina, ADN y buffer fosfato salino, (g) acercamiento de la misma muestra de imagen (f), (h) imagen del piso donde están sobrepuestas las estructuras formadas por los residuos del buffer PBS y que muestra las nanoparticulas de Ta$_5$O$_2$

27

Conclusiones

Se concluye que la formación de nanopartículas de dióxido de tántalo en presencia de moléculas biológicas puede ser activada y que dichas estructuras pueden ser usadas como modelos para la síntesis de nanomaterials en áreas como la medicina, industria y dispositivo ópticos y eléctricos.

Referencias

[1] J.A. Rogers, Z. Bao, M. Meier, A. Dodabalapur, O.J.A. Schueller, G.M.Whitesides, 2000, Synth. Met. 115,1-3.)

[2] S.T. Brittain, O.J.A. Schueller, H. Wu, S. Whitesides, G.M. Whitesides, J. 2001, Phys. Chem. B 105,347-340.

[3] C.E. Fowler, W. Sentón, G. Strubbs, S. Mann, 2001,Adv. Mater. 13,1266.

[4] Liu P., Lee, S.H., Tracy, C.E., Yan, Y., Turner, J.A. 2002, Adv. Mater. 14,27.

[5] Takahara, Y., Kondo, J. N., Takata, T., Lu, D., Domen, K. 2001, Chem. Mater. 13,1194.

[6] R.E. Dickerson. 1998, Nucleic. Acid. Res 26, 1906-1926

[7] Krauss T F and De La Rue R.M, 1999 , Prog. Quantum Electrón 23, 51- 96.

[8] Velev O. D. Tessier PM, Lenhoff A M and Kaler E.W. 1999 Nature 401-548

[9] Tessier P M, Velev O D, Kalambur A T, Lenhoff A M, Rabolt J F and Kaler E. W. 2001 *Adv. Mater.* **13** 396–400

[10] Noda S. 2000 *Physica* B **279** 142–9

[11] Vlasov Y A, Bo X-Z, Sturm J. C. and Norris D. J. 2001 *Nature* **414** 289–93

[12] Holtz J. H. and Asher S. A. 1997 *Nature* **389** 829–32

[13] Velev O. D. and Kaler E. W. 1999 *Langmuir* **15** 3693–8

[14] Pantano P. and Walt D. 1996 *Chem. Mater.* **8** 2832–5

[15] Sun S, Murray, C. B. Weller D, Folks L. and Moser A. 2000 *Science* **287** 1989–92

[16] Andres R. P, Bielefeld J. D, Henderson J. I, Janes D. B, Kolagunta V. R, Kubiak C. P, Mahoney W. J. and Osifchin R. G. 1996 *Science* **273** 1690–3

[17] T., Sugimoto, K., Sakata and A., *J.* Muramatsu,. 1999 *Colloid Interface Sci.*, **159**,372

[18] K, Nils D. Rainer, S. Manfred 1999 Scince vol. 286 p, 1130

CAPITULO 3

Síntesis de nanopartículas de TiO$_2$ mediante una red de polisacárido

Resumen

Partículas de óxidos metálicos de tamaño nanométrico son ampliamente usadas en aplicaciones industriales como: catalizadores, pigmentos cerámicos etc. En éste trabajo fueron sintetizadas nanopartículas de dióxido de titanio (TiO$_2$) por hidrólisis controlada de isopropóxido de titanio en presencia de un polisacárido lineal (1-3, β-D galactopiranosa y 1,4 3,6 anihdro-α-L-galactopiranosa. De ésta manera fueron obtenidas nanopartículas de cerca de 10 a 60 nm cuando el polisacárido fue usado. Las nanopartículas obtenidas fueron caracterizadas por Microscopio Electrónico de Barrido (MEB), Microscopio Electrónico de Transmisión (MET), Análisis de Distribución de Partículas, así como Difracción de Rayos X (DRX).

Palabras clave : Dióxido de Titanio, DRX, Sol-Gel, , MEB, MET.

Introducción

Las Nanopartículas de TiO_2 son usadas en diversas aplicaciones tales como: sistemas catalíticos, biotecnología, medicina, entre otras. [1-3] Los métodos usados para la hidrólisis de alcóxidos metálicos en solución han sido propuestas para producir partículas esféricas monodispersas de óxidos metálicos como Al_2O_3 [4], SiO_2 [5], Ta_2O_5 [6], TiO_2 [7-9], y ZrO_2 [10]. Las partículas de óxidos de titanio son de una gran importancia en el campo biotecnológico e industrial [11]. El tamaño nanométrico de las partículas de dióxido de titanio poseen interesantes propiedades como su alta resistencia mecánica, baja temperatura de sinterización entre otros [12].El objetivo de este trabajo es presentar una ruta fácil para la preparación de nanopartículas de TiO_2 facilitadas por la presencia de un polisacárido lineal.

Materiales y métodos

Para la síntesis de las nanopartículas, se usó como precursor, al alcóxido metálico isopropóxido de titanio (1M pH = 5.0), dichas nanopartículas fueron sintetizadas en solución, seguida por procesos de secado y tratamiento térmico. Para la formación del gel se preparó una solución conteniendo el polisacárido(1-3 β-D galactopiranosa y 1,4 - 3,6 anihdro-α-L-galactopiranosa). Aproximadamente 100 µl de la solución del polisacárido fue calentada a 40° C por 30 minutos, posteriormente 100 µl del precursor metálico de isopropóxido de titanio fue adicionada gota a gota. De ésta manera el crecimiento del precursor metálico fue controlado por la red del polisacárido. Después el gel fue pasado en un tubo de 1 ml y centrifugado a 12,000 rpm por 5 minutos a 28° C. Después el gel concentrado fue eliminado y el precipitado fue lavado varias veces con agua desionizada para eliminar los residuos de gel. Posteriormente el precipitado conteniendo los polvos fue centrifugado a 12,000 rpm por 5 minuto seguido de un periodo de 48 horas en un incubador para evaporar el agua residual. Después de ésto, los polvos fueron calcinados en una mufla de laboratorio a 800° C por 10 horas. La morfología y el análisis de las partículas obtenidas fueron estudiadas por Microscopía Electrónica de Barrido. Las imágenes de Microscopía Electrónica de Transmisión, fueron obtenidas por medio de un microscopio electrónico Phillips CM-200 usando un voltaje de aceleración de 200 kv. La fase de los polvos calcinados fueron identificados por difracción de rayos x en un difractómetro X'PRET.

Resultados y discusión

El gel polimérico fue preparado usando un método similar que fue descrito por Sugimoto y colaboradores [13]. La "Fig. 1" muestra una imagen de microscopio electrónico de barrido de las nanopartículas de dióxido de titanio que fueron obtenidas. La mayor parte de las partículas que se encuentran en un conglomerado, tienen forma esférica. Ésto puede ser debido a la estructura de la red del polisacárido.

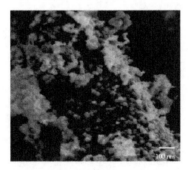

Fig. 1.- Imagen de MEB, forma de las nanopartículas de TiO_2 en presencia del polisacárido.

Derivado de las observaciones de MEB en la "Fig. 2" se encuentra la distribución de partículas. El tamaño de distribución, muestra que la mayoría de las nanopartículas obtenidas en éste trabajo, tienen tamaños entre 10 y 20 nm. Tamaños de partículas más pequeñas (3-5 nm) han sido reportadas usando métodos como adsorción/hidrólisis y heterocoagulación [14]. El tamaño y forma observado puede ser inducido y controlado por la red polimérica del gel en fase liquida. Además, ésto previene que cuando se adiciona el precursor metálico, las partículas crezcan de manera desorganizada.

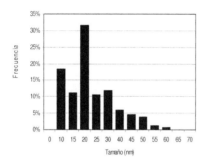

Fig. 2.- Distribución de tamaño de nanopartículas de TiO$_2$.

Para asegurar si el polisacárido controla la morfología de las nanopartículas, un experimento control fue realizado sin la presencia del polisacárido. Los resultados se muestran en la "Fig. 3", se puede observar que las partículas obtenidas tienen una forma irregular y un arreglo desordenado. Es importante notar que el tamaño de las partículas y su longitud es de cerca de 2 micras en muchas de ellas. Así, sin la presencia de la red del polisacárido, el precursor metálico tiende a homogenizarse y a condensarse de manera irregular.

Fig. 3.- Imagen de MEB mostrando partículas de TiO$_2$ en forma irregular sin el polisacárido.

El proceso sol-gel ofrece la ventaja para poder usar alcóxidos metálicos y controlar la reacción por el control de la hidrólisis y condensación por medios químicos y no mediante química coloidal a partir del grupo alcoxi OR (R = grupo orgánico saturado e insaturado) de esta manera el enlace π, que es un fuerte donador de enlaces, estabiliza la alta oxidación del estado del metal [9].

Como las partículas crecen y se mueven unas contra otras, la condensación ocurre formando macropartículas. De esta manera y por adición del polisacárido, el sol puede ser convertido dentro del gel cuando el gel puede soportar las fuerzas elásticas de sus cadenas. Ésto es definido como el punto de gelación o tiempo de gelación, t_{gel}. Desde éste punto, la conversión sol-gel es gradual y más y más partículas comienzan a interconectarse en la red del polisacárido. En nuestro procedimiento experimental, el uso del polisacárido (dependiendo de la concentración) ayuda a controlar el tamaño de las partículas formadas. Ésto se debe a que las partículas pasan a través de los grupos alcoxi OR y los grupos aniónicos del polisacárido antes de que el gel polimerice [1].

La imagen en MET, "Fig. 4", muestran un conglomerado de las nanopartículas. Podemos observar nanopartículas de forma oval con un tamaño de cerca de entre10 y 20 nm.

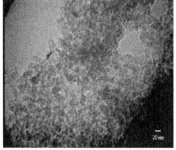

Fig. 4.- Imagen de MET mostrando aspectos de nanopartículas de TiO$_2$.

Los resultados de la difracción de rayos x de las nanopartículas de TiO$_2$ preparadas por sol-gel a una temperatura de calcinamiento de 800° C por 10 horas se muestran en la "Fig. 5". La muestra es caracterizada por picos a 25.° 2θ, 38.° 2θ, 47.° 2θ, y 54° 2θ donde corresponde a la fase anatasa del TiO$_2$. En otros trabajos hechos por Caruso y cols. [15], reportan la formación de la fase anatasa de una red porosa de TiO$_2$ a temperaturas por debajo de 990° C. Cerca de esta temperatura se reporta la formación de la fase rutilo. Otros trabajos en los cuales han sintetizado nanopartículas de TiO$_2$ reportan la formación de la fase anatasa y rutilo a temperaturas de calentamiento hidrotermal de cerca de 100° y 150° C dependiendo de los compuestos químicos y los tratamientos térmicos usados [14].

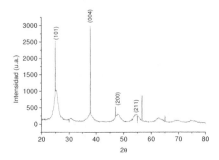

Fig. 5.- Patrón de difracción de rayos X de las nanopartículas de TiO$_2$ a 800^0 C.

Conclusiones

En conclusión tomando las condiciones de los experimentos realizados, se obtuvieron partículas de TiO$_2$ a escala nanométrica. Asimismo, en éste trabajo se tiene en cuenta que, considerar parámetros como el efecto del polisacárido y la composición del precursor metálico y sus concentraciones, así como la adición del precursor a intervalos de tiempo, y las condiciones de calcinamiento, son parámetros de importancia los cuales están bajo estudio en experimentos actuales.

Referencias

[1].- A. Mills, S. Le Hunt. J. Photochem. Photobiol. A:
    Chem., 108 p.1. 1997.

[2].- C. E Giacomelli., M. J., Avena and C. D., de Pauli J.
    Colloid Interface Sci., 188 p.387. 1997.

[3].- P., - Zhang R., Scrudato R. Germano,.Chemosphere,
    28, p.607. 1994.

[4].- B.E., Yoldas J. Appl. Chem. Biotechnol. 23, p.803.
    1973.

[5].- S.K., Park K. D. Kim, and H.T., Kim J. Ind. Eng.

    Chem. 6, p.365. 2000.

[6].- T., Ogihara T. Ikemoto, N. Mizutani. Y. Kato, and Y.

    Mitarai, J. Mater. Sci. 21, p.2771. 1986.

[7].- K. Ikemoto,. N. Uematsu, M. Mizutani, Kato, J.Ceram. Soc. Jpn. 93, p.261.

    1985.

[8].- T Ogihara, K Ikeda. M., M., N. Mizutani, J. Am. Ceram. Soc. 72 , p.1598. 1989.

[9].- M. Kato K., Kawakatsu and T., Yonemoto., Trans I

    Cheme 76, p.669. 1998.

[10].- L. Lerot, F., P Legrand. and de Bruycker, J. Mater.

    Sci. 26, p.2353. 1991.

[11].- S., Chen P., Dong G.H.,Yang and J Yang.J., Ind.

    Eng. Chem. Res. 3 5, p.4487. 1996.

[12].- K. Kim and H. T Kim, Colloids and Surfaces A. Physchem. Eng. Aspects 207,

    p.263–269. 2002.

[13].- T., Sugimoto K. Okada, H. Itoh, J. Colloid Interface Science, 193, p.140. 1997.

[14].- K. Mogyorosi I., Dekani and J.H. Fendler American Chemical Society 19,

    p.2938. 2003.

[15].- A. Caruso G Rachel,. W., Michael, Frank and A. Markus American Chemical

    Society 14, p.6335. 1998.

CAPITULO 4

Formación de nanoestructuras de silicato de aluminio con aminoácidos

Resumen

En éste trabajo nosotros hemos sintetizado nanotubos de silicato de aluminio con un rango de 20 a 60 nm de diámetro y varios micrómetros de longitud por medio del aminoácido linear L-Arginina y usando polvos de aluminosilicato como precursores a través del método sol-gel. Los geles fueron calcinados a una temperatura de 200° C y los polvos fueron caracterizados por microscopio electrónico de barrido y transmisión, análisis termogravimétrico y difracción de rayos-X. Los resultados muestran que la formación in vitro de nanotubos en presencia de L- Arginina puede ser activada. De éste modo, nosotros reportamos la síntesis de biomateriales híbridos hechos de polímeros orgánicos en materiales inorgánicos que pueden ser promisorios para ser usados en áreas como la biotecnología molecular, materiales nanoestructurados y sistemas biocatalíticos.

Palabras clave: Silicato de aluminio, arginina, sol-gel,.

Introducción

El desarrollo de nuevos materiales para uso en el campo de la ciencia de la salud, ha ido en aumento debido a la necesidad por encontrar nuevas rutas basadas en terapias en el campo de la medicina regenerativa [1] ya que en la actualidad la síntesis de materiales son demasiado elevados [2,3]. En décadas pasadas se han realizado avances en el desarrollo de materiales biocompatibles y biodegradables para aplicaciones biomédicas e industriales, en el campo biomédico, la meta es desarrollar y caracterizar materiales para uso en el cuerpo humano, para medir y restaurar las funciones fisiológicas. Es así, como se han usado materiales inorgánicos, (cerámicos, metales y vidrios) así como también materiales poliméricos (sintéticos y naturales) y el uso de compósitos dentales [4,5].

La utilización de ionómeros de vidrio en el área odontológica, han sido utilizados como cementos restaurativos [6]. Asimismo, se han usado ionómeros de vidrio para estudiar cómo son afectados en presencia de aminoácidos como la glicina y alanina. También han sido estudiadas sus efectos antibacteriales y sus propiedades físicas en combinación con clorexidina [7]. En la figura 1 se muestra la estructura molecular del aminoácido linear L-Arginina. Puesto que en el laboratorio, estamos interesados en el estudio de la síntesis y funcionalidad de nuevos materiales dentales, compuestos de ionómeros de vidrio desarrollados a partir del aminoácido L-arginina mediante el proceso sol- gel, consideramos que la construcción de microestructuras tubulares nos permitirá contar con un sistema modelo no sólo para el análisis de la eficiencia en el uso de moléculas orgánicas y poliméricas sino también para la funcionalidad de éstos materiales en diversos tejidos.

Materiales y métodos

En el presente estudio se utilizaron los materiales: Silicato de aluminio autopolimerizable (marca Fuji); alcohol etílico y agua bidestilada. Las muestras fueron preparadas, mediante una modificación del proceso sol-gel (Jeong, et al., 1997). En un primer paso, se preparó una solución llamada (sol), con 200 mg de silicato de aluminio y 2 ml de HCL pH 2.0; posteriormente, la solución (conteniendo silicato de aluminio), se agitó ligeramente por 24 h para disolver el silicato en un agitador magnético, luego se añadieron a la solución, 10 µl del aminoácido Arginina a una concentración de 10,000 µg/ml, se agitó ligeramente durante un minuto para homogeneizar ambos compuestos y permitir la interacción de las moléculas de arginina y el silicato de aluminio. Después se retiró la solución del agitador magnético y se mantuvo a una temperatura de 28° C por un periodo de siete días, mientras se llevaba a cabo la polimerización y obtener el compuesto llamado gel. Posteriormente, se calcinó el gel a una temperatura de 200° C y se caracterizó por medio de Microscopio Electrónico de Barrido (MEB   mod. JSM5800 USA), equipado con energía dispersiva de rayos-X (EDS); asimismo, se recurrió al uso del Microscopio Electrónico de Transmisión (MET Philips   mod. CM-200 a 200 kV USA) y a los patrones de difracción de rayos –X.

Resultados y discusión

La figura 1 muestra una imagen de microscopio electrónico de barrido (MEB) de las nanoestructuras de silicato de aluminio y arginina, se puede apreciar que la morfología de éstas estructuras son tubulares con diámetros de entre 20 y 60 nm y varias micras de longitud, en la figura 2, se muestra una micrografía de microscopio electrónico de transmisión, se observa que la superficie de la nanoestructura presenta bordes irregulares y no presenta orificio de salida lo cual se estima que éste tipo de estructura corresponde a lo que se conoce como nanorod, el diámetro de esta estructura es de aproximadamente 60 nm. La formación de dichas nanoestructuras puede estar mediada por la interacción molecular de enlaces de hidrógeno del precursor de silicato de aluminio y la arginina, ya que ésta posibilidad es mayor debido a que de acuerdo al pH ácido en el cual fueron formados, el sistema se encontraría estabilizado, por lo que no se presentarían barreras energéticas que son comunes cuando en los sistemas de interacción de moléculas orgánico-inorgánico predominan los medios alcalinos.

En la figura 3 (a) se muestra un análisis termogravimétrico de las nanoestructuras, se puede observar una perdida de peso cerca de 100° C la cual fue acompañada de un pico endotérmico. Adicionalmente la perdida de peso se notó a 250° C, en la imagen (b) de la misma figura, se presenta un análisis térmico diferencial de dichas nanoestructuras antes de calcinar a 200° C y se puede observar un pico exotérmico a 300° C. Adicionalmente se realizó un análisis de difracción de rayos-X de las muestras después de calcinar a 200° C, figura 4, en la cual se muestra que las muestras de las nanoestructuras presentan fase amorfa no detectándose ningún pico que pudiera ser indicativo de la presencia de fases cristalinas de silicato de aluminio.

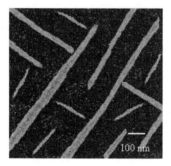

Figura 1. Imagen de microscopio electrónico de barrido de las nanoestructuras de silicato de aluminio en presencia de arginina.

41

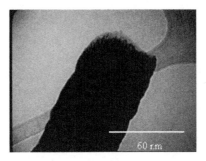

Figura 2. Imagen de microscopio electrónico de transmisión de una nanoestructura.

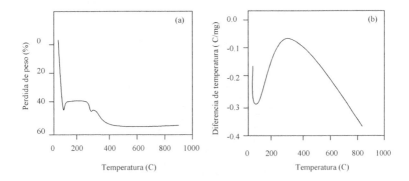

Figura 3. Imagen (a) Análisis termogravimétrico de los compuestos de silicato de aluminio y arginina, la imagen (b) corresponde a un análisis térmico diferencial.

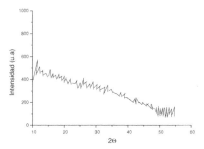

Figura 4. Patrón de difracción de rayos x de las nanoestructuras calcinadas a 200° C.

Conclusiones

En conclusión ésta puede ser una nueva ruta para la síntesis de compósitos de silicato de aluminio. Los compósitos mostraron una morfología amorfa. La formación completa de los compósitos silicato de aluminio/arginina fue acompañada por tratamiento térmico a 200° C. Con la metodología descrita es posible estudiar aspectos en la funcionalidad de nuevas estructuras en interacción con moléculas biológicas y los efectos de las concentraciones de diversos biomateriales

43

Referencias

[1] Park, K. I., Teng, Y. D., Zinder, E. Y.The injured brain interacts reciproccally with neural ítem cells supported by scaffolds to reconstituye lost tissue, Nature Biotechnol 20 (2002), 1111-1117.

[2] Mills, A., Hunte, S. J. Photochem. Photobiol. A: Chem. 108 (1997) 1.

[3] Giacomelli, C. E.; Avena, M. J; De Pauli C. D. J.. Colloid Interface Sci.188 (1997) 387.

[4] Ball, P. *Made to Measure: New Materials for the 21st Century,* Princeton University Press: Princeton, NJ, (1997).

[5] *Williams, D.F. The Williams Dictionary of Biomaterials,* Liverpool University Press: Liverpool; UK, (1999).

[6] Beata, C., John, W., Nicholson. A preliminary study of the interaction of glass-ionomer dental cements with amino acids Dental Materials 22 (2005) 133-137.

[7] Yusuke, T., Satoshi, I., Andrea, V., Kaneshiro, S., Ebisua, J., Frenckenb, E., Franklin, R. T. Antibacterial effects and physical properties of glass-ionomer cements containing chlorhexidine for the ART approach 22 (2005] 647-652.

CAPITULO 5

Autoensamblaje molecular de nanopartículas de dióxido de titanio y formación de estructuras supramoleculares en presencia del aminoácido polilisina

Resumen

En este trabajo se obtuvieron nanopartículas de dióxido de titanio usando isopropóxido de titanio calentado previamente a 40° c como precursor del dióxido de titanio e inmerso en una solución conteniendo una malla polimérica de agarosa grado biología molecular para el control del tamaño y morfología de las partículas por el proceso sol-gel in situ, asimismo se logró el autoensamblaje de las nanopartículas de TiO_2 en presencia del aminoácido polilisina mediante tres diferentes métodos, en dos de los métodos las muestras fueron precipitadas en columnas de purificación las cuales contienen una membrana de sílica que son capaces de retener cualquier impureza que se encuentre en las muestras, en el tercer método, no se usaron éstas columnas, para tener un patrón de referencia de comparación de los diferentes procedimientos, formando de ésta manera estructuras aleatorias supramoleculares. Las técnicas para la caracterización de las nanopartículas así como las estructuras supramoleculares autoensambladas con el aminoácido, fueron la microscopía electrónica de barrido (MEB) análisis de energía dispersiva de rayos X (EDAX) y microscopía electrónica de transmisión (TEM). Los resultados muestran la síntesis de nanopartículas de TiO_2 con tamaños de entre 50 y 700 nm, la cantidad de titanio fue determinada por análisis EDAX. El tamaño de las estructuras supramoleculares autoensambladas, tienen un tamaño aproximado de entre 2 y 6 um, éstos valores permiten establecer una metodología en la cual se pueda sintetizar nanopartículas a microescala así como el autoensamblaje molecular de diversos materiales en sistemas biológicos y con ello lograr la optimización de recursos que se encuentran disponibles en la actualidad para los procesos sol-gel in situ.

Palabras clave: proceso sol- gel in situ, agarosa, autoensamblaje.

Introducción

El desarrollo de nuevos materiales ha ido en aumento debido a la necesidad por encontrar nuevas rutas hacia el diseño de nanopartículas, [1,2] haciendo que cada vez más éstos materiales posean características que los hace ideales para su aplicación en diversas áreas, como: la construcción de sistemas microelectrónicos, chips biológicos, sistemas catalíticos, celdas solares, [3] entre otros. Estos sistemas emergen como una nueva ruta para producir nuevos materiales y complementar otros, como los cerámicos, metales y aleaciones, polímeros sintéticos y otros materiales compuestos, permitiendo la síntesis de partículas con tamaño en la escala nanométrica. [4,5]

El surgimiento de rutas que permitan a la ciencia de los materiales incursionar en nuevos campos como es la ciencia nanotecnologica,[2] ha hecho posible que se comience a explorar con diversos materiales usados en el área biotecnológica a niveles de microescala, [4] dichas investigaciones han tomado como base el uso de metales como el Aluminio, Zirconio, Plata, Tántalo y Titanio [6] entre otros, no obstante, las diversas metodologías usadas para la obtención de partículas con un tamaño controlado ha sido difícil, ya que se tienen que tomar en cuenta parámetros como concentración de los precursores metálicos, pH, temperatura y tiempo de calcinamiento para la obtención de las nanopartículas, [5] dichos procesos se han realizado por metodologías como el usado en los procesos sol-gel, [7] que permiten la formación de partículas de diferentes tamaños de algunos materiales. Los procesos sol- gel in situ están basados en etapas de adsorcion para la solución aplicable y para algunas superficies con grupos hidroxilos, a pesar del tamaño y del sustrato que se maneje, éstas modificaciones pueden ser posibles en un principio en el interior de la superficie de tubos y materiales porosos [8].

En otros trabajos se han usado diversas estrategias que permiten el control del tamaño de las partículas como el usado para la síntesis de partículas de sílica en combinación con geles de poliacrilamida [8] o como la técnica desarrollada por Sugimoto y colaboradores. quienes han logrado la síntesis de nanoparticulas de diversas morfologías y tamaños de óxidos metálicos usando geles condensados [9].

La ciencia de los materiales de ésta forma se encuentra con el área de la biotecnología para producir diversos componentes con tamaños de entre 5-200 nm usando sistemas para optimizar los recursos en una escala tan pequeña como lo es la nanometrica [10]. El entendimiento de los niveles moleculares de nuevos materiales, se ha incrementado gracias a la generación de nanomateriales, al diseño, síntesis y fabricación de nanodispositivos en la escala molecular y al autoensamblaje de diversos metales en sistemas biológicos [11].El ensamblaje molecular es una herramienta importante en las décadas futuras, los principios básicos para la microfabricación pueden ser entendidos mediante el fenómeno del autoensamblaje que se encuentra en la naturaleza, la llave en los elementos del autoensamblaje son la complementariedad química y la compatibilidad estructural de interacciones no covalentes [11]. Se han desarrollado numerosos sistemas de autoensamblaje como modelos de estudio del plegamiento de proteínas y la conformación de las proteinas en diversas enfermedades, para electrónica molecular, ingeniería de superficie y nanotecnología [11] En décadas pasadas los avances en las construcciones de bloques moleculares tuvieron lugar gracias a la utilización de péptidos, fosfolípidos y ADN para producir materiales biológicos con diversas aplicaciones [12] Los origenes de los constituyentes biológicos como son las moléculas de fosfolípidos, aminoácidos y nucleótidos han sido considerados para ser usados en la ingeniería y ciencia de materiales, el advenimiento de la biotecnología y la ingeniería genética acoplada con los recientes avances en la química de ácidos nucleicos y la síntesis de péptidos, es el resultado de un cambio conceptual en el desarrollo de nuevos materiales[13,14] .La adición de cationes monovalentes y polivalentes como el aminoácido polilisina, o la introducción de soluciones con péptidos dentro de medios fisiológicos producen que éstos oligopéptidos se ensamblen espontáneamente para formar estructuras microscópicas y macroscópicas que pueden ser fabricadas dentro de formas geometricas [15]. Uno de los sistemas de autoensamblaje propuesto como modelo de estudio es el formado por el aminoácido polilisina donde las cargas positivas de éste, interactúan con las cargas negativas del glutamato formando estructuras moleculares beta plegadas [16]. La polilisina también ha sido usada para la síntesis de esferas de sílica en presencia de un polímero orgánico como el polialilamin hidroclorido [17] En éste contexto nosotros reportamos la síntesis de nanopartículas de TiO_2 y el autoensamblaje de las mismas en presencia del aminoácido polilisina y la formación de estructuras supramoleculares.

Materiales y métodos

Preparación del gel

Se preparó 0.2 g de agarosa grado biología molecular para tener una solución stock de 30 ml de gel de agarosa al 0.8% en H_2O bidestilada, se tomó 200 μl de la solución y se transfirió a un tubo ependorf de 1.5 ml, se calentó a 40° c por 30 min.

Hidrólisis del dióxido de titanio y formación de nanopartículas por sol-gel in situ.

El isopropoxido de titanio, 97% marca Aldrich (cat.205273) fue usado como precursor del titanio, se añadió a la solución conteniendo 200 μl de gel de agarosa, marca Sigma grado biología molecular (cat.A-9539), 200 μl de isopropóxido de titanio 1M pH 5.2 calentado a 40° c para un volumen final de 400 μl, se resuspendió con puntas recortadas durante 15 min. Posteriormente se centrifugó la solución en microcéntrifuga a 12,000 rpm a temperatura ambiente durante 5 min., se decantó el sobrenadante y se lavó tres veces con agua bidestilada estéril para limpiar los residuos del gel de agarosa, se centrifugó a 12,000 rpm por 5 min. para precipitar las partículas, después éste precipitado se incubó dos días a temperatura ambiente para luego calcinar a 110° c por 20 horas.

Las nanopartículas obtenidas fueron analizadas mediante microscopía electrónica de barrido (MEB) marca JEOL modelo JSM-5800 LV y de transmisión (TEM), así como análisis dispersivo de rayos X marca EDAX modelo DX prime.

Ensamblaje molecular en presencia del aminoácido polilisina

Una vez que se obtuvieron las nanopartículas de dióxido de titanio se procedió a prepararlas para el autoensamblaje en presencia del aminoácido polilisina, se tomaron 0.3 g de partículas de dióxido de titanio y se colocaron en tres microtubos de 0.6 ml, (cada tubo conteniendo 0.1g de TiO_2) al primer tubo (tubo # 1) se le añadió 20 μl del aminoácido a una concentración de 5mg/ml, más 10 μl de agua bidestilada estéril se resuspendió suavemente y se colocó en columnas de purificación, se centrifugó a 12,000 rpm por tres minutos y la muestra se refrigeró a 4° c, al segundo tubo (tubo # 2) se le añadió 100 μl de polilisina a una concentración de 5mg/ml, se resuspendió y se tomó una alícuota para secar a 250° c por 40 minutos.

Al tercer tubo (tubo # 3) se le adicionó 150 μl del aminoácido polilisina a una concentración de 5mg/ml se resuspendió y se colocó en columna de purificación, se centrifugó a 12,000 rpm por 5 minutos, la muestra se guardo en refrigeración a 4° c

Las estructuras sintetizadas fueron caracterizadas mediante microscopio electrónico de barrido (MEB)

Resultados y discusión

En la figura 1 (a), se observa claramente por MEB, con una resolución de 11,000 x y 15 [Kv] que las nanopartículas de dióxido de titanio son de un tamaño aproximado de 700 nm, se puede apreciar que dichas partículas se encuentran en un conglomerado y todas ellas muestran una homogeneidad general, las partículas presentan una morfología esférica, lo cual refleja la precisión de la metodología empleada, esta forma circular, se debe a la malla polimérica de la agarosa en fase liquida que impide que al adicionar el precursor de titanio, las partículas crezcan de manera desorganizada. Para comprobar esto, se realizó un experimento control, sin la presencia de gel de agarosa, los resultados que se obtuvieron y que se muestran en la imagen 1 (b) a una resolución de 4,000 x en MEB, son las estructuras irregulares y desorganizadas de TiO$_2$ con un tamaño aproximado de entre 1 y 2 um, las cuales al no tener la presencia de la malla polimérica del gel el precursor tiende a homogenizarse y a condensarse irregularmente. Una vez añadido el precursor al gel de agarosa, se continúa con su hidrólisis para posteriormente calcinar los polvos y obtener las nanopartículas que se muestran en la imagen.

En la imagen de la figura 1 (c) con resolución de 11,000 x y 15 [Kv], se pueden apreciar las nanopartículas mas aisladas unas de otras con un tamaño de 700 nm, a su vez en la misma fotografía se formaron partículas de aproximadamente 1 μM las cuales se encuentran en la parte inferior izquierda de la fotografía y una estructura irregular que atraviesa verticalmente la imagen, éstas partículas y las estructuras no deseadas anteriormente señaladas, se pueden encontrar en ocasiones y en mínima cantidad a lo largo del proceso experimental y se debe al manejo manual de la micropipeta que involucra a la etapa de resuspensión del isopropoxido de titanio con la solución del gel de agarosa, ya que se requiere algo de rapidez en el movimiento para alcanzar una homogenización completa de las partículas.

Con este metodo se puede tener acceso a una ruta mucho mas viable y menos costosa en los procesos sol gel utilizados hasta el momento por el hecho de ser procesados a microescala optimizando los recursos tanto de equipo de laboratorio y reactivos químicos poniendo asi una via alterna para disminuir algunas de las deventajas de los procesos sol-gel como son el alto costo de algunos de los materiales usados, la cantidad de reactivos utilizados y su largo tiempo en el procesamiento, los cuales llegan a ser una limitante para desarrollar materiales para alta tecnologia.

(a)

(b)

(c)

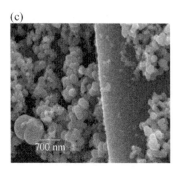

Fig. 1. Imágenes de MEB, a) se muestra la formación de nanopartículas de TiO$_2$ con un tamaño de 700 nm en presencia de agarosa, imagen b), estructuras de TiO$_2$ en ausencia de gel de agarosa, imagen c), nanoparticulas de TiO$_2$ en presencia de agarosa. La barra, tiene un tamaño de 700 nm para las imágenes a y c y de 2 um para la imagen b.

En la figura 2 (a), podemos apreciar a las partículas de titanio, la imagen se obtuvo mediante microscopia electrónica de transmisión (TEM) a una resolución de 200,000 [kx], se puede observar a las partículas con un tamaño de aproximadamente entre 50 y 100 nm, cabe destacar en esta fotografía que se ha tomado un conglomerado de partículas que a su vez esta formada por varias nanopartículas con el tamaño antes mencionado.

(a)

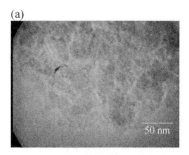

Fig. 2 (a). En ésta imagen de TEM se muestra las partículas de TiO_2 con una resolución de 200,000 [kx], la longitud de la barra tiene un valor de 50 nm.

En la figura 3 se muestra el patrón de un análisis cuantitativo de la cantidad de titanio y otros elementos presentes en la muestra mediante microanálisis de rayos x por dispersión de energía, el porcentaje en peso para los diferentes elementos son: Peso del Titanio = 56.44%, que corresponde al pico más alto en la gráfica, Peso del Carbono = 2.66%, mostrando un pico mínimo, y peso del Oxígeno = 40.89%, quien se encuentra sobrepuesto sobre un pico en el cual también se encuentra titanio, valores que dan como resultado la composición total de la muestra conteniendo las nanopartículas.

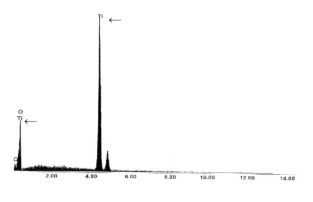

energía [keV]

En la figura 3 se muestra un histograma del microanálisis realizado mediante EDAX a las nanoparticulas preparadas por adición de 200 μl de isopropoxido de titanio 1M pH 5.2 calentado a 40° c en una solución conteniendo 200 μl de agarosa al 0.8% por 30 min. Las flechas están indicando los picos importantes del contenido de la muestra.

En la fig. 4 a), caracterizada en MEB a una resolución de 11,000 x y 15 [kv] se puede apreciar estructuras con una morfología de estrella de un tamaño aproximado de 2 y 3 um, ésta imagen corresponde al experimento realizado con el tubo # 1, la imagen muestra a las partículas de TiO$_2$ unidas con otras a través del aminoácido polilisina, en el centro de la estructura se observa una partícula esférica y a su alrededor las demás algo alargadas formando la morfología antes mencionada, se puede también observar que existe una débil unión de todas las estructuras que se encuentran unas con otras, ésto tal vez es consecuencia de la interacción de los grupos polares de las moléculas de agua que se encuentran interaccionando con los grupos hidrofóbicos del aminoácido lo cual hace un poco más débil las uniones intermoleculares a través de los enlaces covalentes formados en la molécula de agua y a su vez también a la concentración del aminoácido en la solución provocando con ello que las cargas

53

electrostáticas entre las partículas de TiO_2 y la polilisina se encuentren más lejanas para poder autoensamblarse.

En la fig. 5, imagen b tomada en MEB a una resolución de 8,000 x y 15 [kv], correspondiente al experimento realizado en el tubo # 2, se pueden observar estructuras aleatorias unidas mediante la polilisina, se observa una estructura con morfología hexagonal semejando a un codo de tuberia, señalada con una flecha, con un tamaño de aproximadamente 4 um, a su lado se muestra otra estructura similar pero con un tamaño de aproximadamente entre 2 y 3 um. Señalada con un asterisco. Existe una diferencia marcada entre éstas dos estructuras, la primer diferencia es que la estructura mayor hexagonal posee un orificio de entrada que no se conoce si llega a salir hasta el final de la estructura, la otra estructura no posee dicho orificio lo cual hace pensar que se podrían tener dos tipos de estructuras en la solución, se observa por los datos obtenidos que eliminando el agua de la muestra y aumentando la concentración de la polilisina, la unión es más fuerte y logran autoensamblarse las partículas que anteriormente se hallaban aisladas y contenían moléculas de agua como en la imagen de la figura 4(a), al eliminar la mayor cantidad de agua de la muestra se logra con ello eliminar casi por completo las sales disociadas que llegan a funcionar como contraiones y logran apantallar las cargas de los grupos iónicos que mantenían el enlace no covalente anteriormente, haciéndolo con ello más débil, cabe destacar que ésta muestra no fue depositada en columnas de purificación lo cual podría explicar el hecho de que otras estructuras irregulares se encuentren en el resto de la muestra como se observa en la imagen.

En la imagen (c 1) de la fig.5 tomada en MEB a una resolución de 11,000 x y 15 [kv], y que corresponde al experimento con el tubo # 3, se puede apreciar que dicha estructura se compone de dos partes, la primera de ellas tiene un tamaño aproximado de 4 um de longitud y posee una especie de semihueco en su parte superior la que se señala con una flecha, la segunda poseé un tamaño de 2 um y parece contener en su parte inferior una curvatura la cual tiene las características para poder entrar al semihuco de la parte superior de la primer estructura y se puede ver claramente que las dos partes se encuentran separadas una de otra en una dirección transversal, en la imagen (c 2) se observa a las mismas partes de las estructuras pero ahora autoensambladas y orientadas en un espacio horizontal, el tamaño de ésta estructura es de aproximadamente 6 um, también se puede ver que alrededor de la estructura no se encuentran datos de contaminación de otras estructuras adyacentes, ésto demuestra la eficacia de las columnas de purificación utilizadas en el procedimiento experimental.

El autoensamblaje de las estructuras de TiO_2 en presencia del aminoácido polilisina parece estar dado más por el hecho de autoorganización que por uniones secuenciales entre las cargas positivas del aminoácido y las cargas negativas de las moléculas de oxigeno que se encuentran en las partículas de TiO_2, el aumento en la concentración de polilisina y la disminución casi por completa de agua en la hibridación de la solución utilizada, deja sentadas las bases para el entendimiento de los procesos de autoensamblaje molecular usado por sistemas biológicos en presencia de una infinidad de materiales que puedan ser aprovechados para un futuro próximo en el advenimiento de las teorías moleculares.

(a)

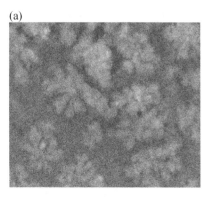

Fig. 4. Imagen a) de MEB de partículas de TiO_2 autoensambladas en presencia agua y de polilisina Precipitadas en columnas de purificación.

(b)   (c1)

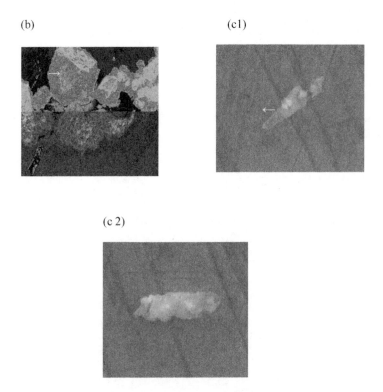

(c 2)

Fig. 5 Imagenes de MEB correspondiente al autoensamblaje de TiO$_2$ en presencia de polilisina. b) imagen de TiO$_2$ unido con polilisina sin pasar por columnas de purificación. Imagen c 1) mostrando dos estructuras de TiO$_2$ dopadas con polilisina y pasadas por columnas de purificación. Imagen c 2) en donde se muestran las dos estructuras de TiO$_2$ mostradas en la imagen c1, unidas con el aminoácido polilisina y pasadas por columnas de purificación.

Conclusiones

Se logró la síntesis de nanopartículas de dióxido de titanio mediante la utilización de una malla polimérica de agarosa a través del proceso sol-gel in situ., el tamaño de las partículas sintetizadas está en un rango aproximado de 50-700 nm El control del tamaño de las partículas puede ser atribuida a la estabilidad de la formación de la malla polimérica del gel de agarosa durante la fase de polimerización como se demostró en el experimento control de la imagen b de la fig 1 lo que permite que tales nanopartículas no lleguen a tener un crecimiento desorganizado ya que la malla del gel actua como una barrera que no permite que el precursor de titanio avance atravesando las moléculas del polimero del gel de agarosa mientras este se encuentra en el proceso de condensación. Asimismo se logró el autoensamblaje molecular de las nanopartículas unidas con el aminoácido polilisina obteniendo estructuras supramoleculares.

Referencias

[1] A., Mills, S. J Le Hunte,. Photochem. Photobiol. A: Chem. 108,1. (1997),

[2] C. E.; Giacomelli, M. J; Avena , C. D. J. De Pauli,. Colloid Interface Sci.188,387 (1997).

[3] P.; Zhang, R. J.; Scrudato, G. Germano, Chemosphere 28,607 (1994).

[4] C. C. Dupont-Gillain, P. G. Rouxhet, Nano Lett1, 245 (2001)

[5] f. Caruso, Adv. Mater. 13,11. (2001).

[6] A. Imhorf, Langmuir 17,3579. (2001).

[7] P.Hoyer,Langmuir 12 141 (1996).

[8] K, Nils D. Rainer, S. Manfred Scince vol 286 (1999) p, 1130

[9] T., Sugimoto, , K., Sakata and A., J Muramatsu,. Colloid Interface Sci., 159,372 (1999)

[10] D. Philip, J. F. Stoddart, Angew. Chem. 108, 1242-1286;Angew Chem. Int. Ed.Engl. 35-1154- 1196.(1996).

[11] S. Zhang Emerging biological materials through molecular self- assembly. Biotechnology Adv. (2002) p.321)

[12] DT, Bong TD, Clark JR,Granja MR. Ghadiri Self-assembling organic nanotubes. Angew Chem Int Ed;40:988-1011. (2001)

[13] D.,W., Urry A.Pattanaik Elastic protein-based materials in tissue reconstruction. Ann NY Acad sci **831**:32-46 (1997)

[14] W.,A., Petka J.,L., Harden K.,P., McGrath D., Wirtz, D.,A.Tirrell, Reversible hydrogels from self-assembling artificial proteins. Science **281**:389-92 (1998)

[15] T, Holmes S, su X, Delacalle A, Rich S. Zhang Extensive neurite outgrowth and active neuronal synapses on peptide scaffolds.Proc Natl Acad Sci USA;97:6728, 33 (2000)

[16] D, Marini W,Hwang DA,Lauffenburger S,Zhang D Kamm. Left-handed helical ribbon intermediates in the self-assembly of a b- sheet peptide. Nano L ett; 2:2959. (2002)

[17] S.V. Patwardhan, N. Mukherjee, and S. J. Clarson, Silicon Chem. (2002)

CAPITULO 6

Síntesis de nanoestructuras híbridas de ionómeros de vidrio en presencia de L-arginina a través del proceso sol-gel

Resumen--

Se han formado nanoestructuras de ionomero de vidrio en presencia de L-Arginina. De los resultados obtenidos se puede inferir la formación de dichas estructuras mediante una ruta fácil y de bajo costo para ser usada en medicina molecular ingeniería tisular y sistemas catalíticos.

Los polvos obtenidos fueron caracterizados mediante microscopio electrónico de barrido, de transmisión y difracción de rayos – X.

Palabras clave: sol-gel, ionomero de vidrio arginina.

Introducción

El desarrollo de nuevos materiales para uso en el campo de la ciencia de la salud , ha ido en aumento debido a la necesidad por encontrar nuevas rutas basadas en terapias en el campo de la medicina regenerativa [1] ya que en la actualidad la síntesis de materiales son demasiado elevados [2,3]. En décadas pasadas se han realizado avances en el desarrollo de materiales biocompatibles y biodegradables para aplicaciones biomédicas e industriales, en el campo biomédico, la meta es desarrollar y caracterizar materiales para uso en el cuerpo humano, para medir y restaurar las funciones fisiológicas. Es así, como se han usado materiales inorgánicos, (cerámicos, metales y vidrios) así como también materiales poliméricos (sintéticos y naturales) y el uso de compósitos dentales [4,5].

La utilización de ionómeros de vidrio en el área odontológica, han sido utilizados como cementos restaurativos [6]. Asimismo, se han usado ionómeros de vidrio para estudiar cómo son afectados en presencia de aminoácidos como la glicina y alanina [7]. También han sido estudiadas sus efectos antibacteriales y sus propiedades físicas en combinación con clorexidina [8].

A su vez algunos investigadores han realizado estudios enfocados a las propiedades mecánicas y físicas como la compresión, y elasticidad de cementos de ionómeros de vidrio modificadas con resinas después de la adición de partículas de vidrio bioactivas dentro del cemento [9]. por otro lado, se han desarrollado compuestos de ionómeros de vidrio a una escala nanométrica, tal es el caso en el que se sintetizan nanopartículas a partir de resinas de ,4-epoxycyclohexylmethyl-(3,4-epoxy)cyclohexane carboxylate (ERL4221) [10].

El surgimiento de rutas que permitan a la ciencia de los materiales incursionar en nuevos campos como es el estudio de la interacción de moléculas orgánicas con moléculas inorgánicas de diversos materiales, ha hecho posible que se comience a explorar con diversos materiales usados en el área de la biotecnología, [11]. Dichas investigaciones han tomado como base el uso de metales como el Aluminio, Zirconio, Plata, Tántalo y Titanio [12] entre otros; no obstante, las diversas metodologías usadas para la obtención de partículas y estructuras con un tamaño controlado ha sido difícil, ya que se tienen que tomar en cuenta parámetros como concentración de los precursores metálicos, pH, temperatura y tiempo de calcinamiento para su obtención, [13] dichos procesos se han realizado por metodologías como el usado en los procesos sol-gel, [14] que permiten la formación de partículas de diferentes tamaños de algunos materiales.

Los procesos sol-gel están basados en etapas de adsorción para la solución aplicable y para algunas superficies con grupos hidroxilos, a pesar del tamaño y del sustrato que se maneje, éstas modificaciones pueden ser posibles en un principio en el interior de la superficie de tubos y materiales porosos [15]. En otros trabajos, se han usado diversas estrategias que permiten el control del tamaño de las partículas, como el usado para la síntesis de partículas de silicio en combinación con geles de poliacrilamida [15] o como la técnica desarrollada por Sugimoto y colaboradores quienes han logrado la síntesis de partículas de diversas morfologías y tamaños de óxidos metálicos usando geles condensados [16]. Diversos investigadores han usado polímeros como el polietilenglicol en combinación con materiales como polisulfonato para desarrollar membranas de injertos biocompatibles [17]]. De igual manera, se han realizado estudios para comprender los mecanismos por los cuales las moléculas biológicas interactúan dirigiendo la formación de nuevas macro y nanoestructuras con capacidad de biocompatibilidad a niveles molecular y atómico, tal es el caso en el cual se desarrollaron estructuras dendriméricas de polidoamin las cuales secuestran iones de calcio en cristales modificados [18], o en el desarrollo de estructuras diseñadas con moléculas de ADN para la fabricación de biosensores a base de gel y fluorapatita para la construcción de materiales nano y meso estructurados exhibiendo algunas de las características del esmalte dental [19, 20].

El uso de biomoléculas para el desarrollo de dispositivos en nanotecnología ha llamado la atención de un grupo grande de investigadores, quienes sugieren el uso de macromoléculas biológicas como sistemas de componentes nanoestructurados. El ADN es particularmente interesante como constructor de materiales en nanociencia (Seeman 1999), (Niemeyer 2000). La unión de fragmentos de ADN con una longitud aproximada de entre 30- 170 nm con partículas de oro, se ha logrado gracias a la hibridación de éstos elementos para formar bloques agregados supramoleculares. (fig. 4) (Niemeyer et al 2001).

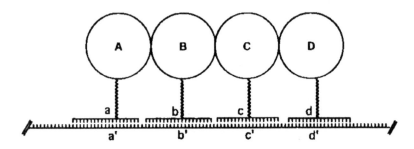

Figura 4.- Hibridación de nanoparticulas de oro formando bloques supramoleculares en presencia de ADN. (A,B,C y D,= nanopartículas de oro, a,b,c,d, a'b'c' y d'=fragmentos de ADN)

Las propiedades electrostáticas y topográficas de macromoléculas biológicas como el ADN y sus complejos supramoleculares derivados, pueden ser usados como plantillas para la síntesis y ensamblaje de componentes orgánicos e inorgánicos. Un ejemplo de éstas aplicaciones fue demostrada en un experimento realizado por Gibs y cols.

(1988), quienes demostraron que los derivados de porfirina que contienen cationes a los lados de sus cadenas, forman una estructura larga en una plantilla de ADN. La motivación para usar ADN, deriva de la alta capacidad de reconocimiento, selectividad y carácter polianiónico, por lo tanto, las moléculas de ADN pueden ser realmente conjugadas y ensambladas dentro de materiales nanoestructurados por tres estrategias, las cuales incluyen: i) interacciones electrostáticas con el enlace polifosfato ii) funcionalización covalente de extremos 3'o 5' de la cadena de oligonucleótidos y iii) unión electrostática o covalente de nanopartículas inorgánicas (Dujardin y Mann 2002).

Síntesis de nanorods y nanotubos

Las estructura de los materiales a nivel nanométrico tienen un gran interés en los años recientes porque poseen un amplio intervalo de aplicaciones en semiconductores y materiales magnéticos y materiales magnetoresistentes (Poizot et al, 2000). Recientemente el control de las formas en la producción de nanopartículas metálicas no esféricas, como nanorods de plata (Jana et al, 2001), nanodiscos (Maillard et al, 2002), partículas tríangulares (Jin et al, 2001) y nanorods de oro (Yu et al, 1997), exhiben propiedades ópticas, las propiedades ópticas y magnéticas de las nanopartículas de semiconductores son drásticamente afectadas por la forma de las partículas (Hu et al 2001) (Li et al, 2001) (Pinna et al, 2001) (Cordente et al, 2001) (Puntes et al, 2001). Existen diversos experimentos para la síntesis de nanorods con diferentes propiedades, una de ellas es la síntesis de nanorods de óxidos de zinc (ZnO) los cuales tienen un especial interés por su alta eficiencia, longitudes de onda corta, probable aplicación en nanodispositivos optoelectrónicos y su alta estabilidad térmica y mecánica (Yu et a,l 1998); (Morales y Lieber 1998); (Shi et al, 2001); (Cui et al 2000) y (Chen et al, 2001). Otros investigadores se han dedicado a la síntesis de nanorods de titanato de bario, $(BaTiO_3)$ los cuales presentan propiedades piezoeléctricas, que pueden ser usados en la fabricación de sensores y capacitores (Lines y Glass 1977); (Smolenskii 1984); (Scott 1998).

Ensamblaje molecular de materiales en sistemas biológicos por sol-gel

El autoensamblaje molecular puede definirse como el método de integración en el cual los componentes se ensamblan espontáneamente mediante enlaces no covalentes, los componentes de las estructuras autoensambladas encuentran su equilibrio apropiado con base en sus propiedades estructurales exclusivamente (o de sus propiedades químicas si se trata de un ensamblaje atómico o molecular). Los sistemas actuales de ensamblaje molecular, se basan en la utilización de organismos biológicos, ya que dichos organismos poseen las bases fundamentales para el entendimiento en los procesos de autoensamblaje o reconocimiento molecular. Se han diseñado diversos modelos de ensamblaje molecular, entre los que se destacan, el modelo compuesto por nanopartículas de oro en dipéptidos como la L- lisina (Li et al 2002). Otro sistema modelo, es el ensamblaje de nanocristales, el desarrollo para una aplicación práctica para el ensamblaje de nanocristales inorgánicos dentro de arreglos definidos, es un área de interés considerable, porque ésto ofrece grandes oportunidades de explorar propiedades ópticas y electrónicas y la posibilidad de probar nuevos fenómenos colectivos. (Brown y Hutchison 1999); Asimismo, existen otros modelos que se basan en el autoensamblaje de albúmina en soluciones de alcohol para formar bloques que se puedan adsorber en superficies de electrodos de oro (Martins et al 2003).

De ésta manera, diversos tipos de péptidos han sido usados para la construcción de switches moleculares en donde los péptidos cambian drásticamente su estructura molecular, tal es el caso en donde se usó clusters de péptidos con residuos de lisina o arginina cargados positivamente cerca del carbono terminal (Hol et al 1985).

La química bioorgánica y bioinorgánica, son los campos interdisciplinarios que proveen las bases para la unión de la biotecnología con la ciencia de materiales, (fig. 3). Los sistemas de modelos bioorgánicos han sido elaborados para tener herramientas para probar los mecanismos de principios biológicos y manipular sus componentes (Dugas 1989), (Diederichsen et al 1999).

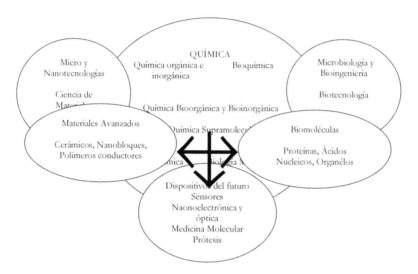

Figura 3.- Interrelación de diversas disciplinas en el desarrollo de la nanotecnología.

De ésta manera, estamos interesados en el estudio de la síntesis y funcionalidad de nuevos materiales dentales, compuestos de ionómeros de vidrio desarrollados a partir del aminoácido L-arginina mediante el proceso sol- gel, de ésta manera se pretende que dichos materiales exhiban características únicas al ser desarrollados por diversas moléculas orgánicas y poliméricas y que a su vez éstos materiales puedan ser usados en diferentes áreas como la biomedicina molecular y genética, ingeniería de tejidos, odontología, ciencia de materiales, biotecnología, medicina y practica clínica.

Materiales y métodos

El experimento se realizo mediante varios procedimientos los cuales constaron de 2 pasos. En un primer paso se peso 540 mg de polietilenglicol (PEG), se agregó 28 ml de metanol absoluto y se hizo una solución. En un segundo paso se mezcló 28 ml de metanol absoluto en otro matraz y se le agregó 4 ml de agua bidestilada más 64 µl de HCl 4M. Ésta solución se agregó ligeramente a la primera y se dejo en agitación a temperatura ambiente por 24 horas para obtener la hidrólisis del polietilenglicol. Posteriormente a la solución, se le añadieron 392 mg del aminoácido L-arginina y se agitó durante 3 minutos para homogenizar los compuestos, después la solución se retiró del agitador y se dejo secando a temperatura ambiente hasta que polimerizara el compuesto y se formara un gel.

Los polvos obtenidos fueron caracterizados mediante microscopio electrónico de barrido, de transmisión y difracción de rayos – X.

ESTRATEGIA EN LA SINTESIS DE MICROTUBOS DE
IONOMERO/L-ARGININA

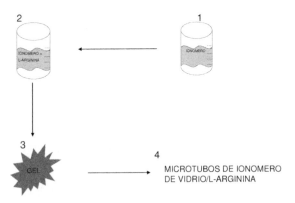

Fig. 4 Estrategia de formación de los microtubos con L-arginina1= Formación de la solución de ionomero de vidrio., 2= adición del aminoácido L-arginina como templado., 3= Formación del gel., 4 formación de los microtubos

Simulación computacional del mecanismo de la interacción de moléculas de arginina y ionomero de vidrio

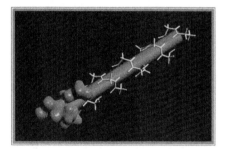

Fig. 5 Simulación de la interacción de moléculas de arginina con las moléculas de ionomero de vidrio. Color violeta = moléculas de ionomero de vidrio., color café = polímero de residuos de arginina., color rojo = microtubo de ionomero de vidrio y arginina.

Resultados y discusión

Se procedió a analizar los resultados de los experimentos del compuesto de ionomero de vidrio/L-arginina, utilizando microscopio electrónico de barrido. En la imagen 1.1Se muestra el ionomero de vidrio en ausencia de aminoácido, su morfología es amorfa y con bordes irregulares. En la Imagen 1.2 se Muestra al compuesto de ionomero de vidrio en presencia del aminoácido L-arginina, se observa un conglomerado de varillas organizadas una sobre otra, las cuales constan de tamaño y grosor variable que oscilan entre 50 y 600 nm, además consta de ligera curvatura en su extensión.

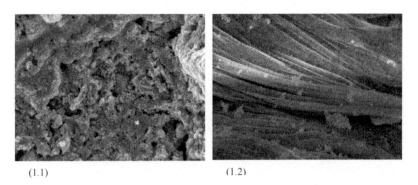

(1.1)   (1.2)

Fig

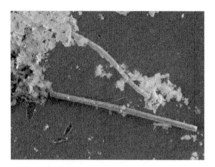

Fig. 7 En la Imagen se muestra dos estructuras en forma de varilla, la superior mide 1.5 micrómetros y cuenta con una ligera curvatura y la inferior 2.5 micrómetros, se puede observar también la presencia de otro nanotubo con un diámetro aproximado de 50 nm.

En la imagen de la fig. 8 se realizo un análisis de energía dispersiva de rayos –X (EDAX) de la muestra del compuesto obtenido de ionomero de vidrio / L –Arginina. Encontrándose los siguientes porcentajes en peso de los elementos de la muestra, los cuales se muestran en la tabla 1.

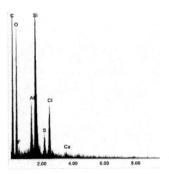

Fig 8 Análisis de energía dispersiva de rayos –X del compuesto de ionomero de vidrio en presencia deL-arginina.

Fluor	0.76%	Cloro	4.13%
Aluminio	2.87%	Azufre (S)	1.44%
Silicio	8.56%	Calcio	0.47%

Tabla 1 Porcentajes en peso del compuesto formado Ionomero de Vidrio/LArginina

De acuerdo a los resultados obtenidos se logro la formación de estructura en forma de varillas, la cual quiere decir que el aminoácido esta controlando la forma y tamaño de estas estructuras.

70

En la imagen de la fig. 9 se observa un patron de difracción de rayos-X de las muestras de los compuestos de ionomero de vidrio en presencia de L-arginina. Se puede observar un pico de difracción a aproximadamente 12° theta correspondiente al compuesto aluminosilicato, éste resultado muestra que el resto del compuesto presenta morfología amorfa.

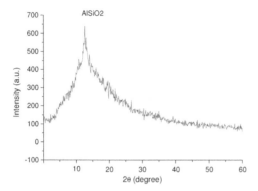

Fig. 9 Patrones de difracción de rayos –X. a)-Difractograma de la muestra de ionomero de vidrio en ausencia de arginina, b) difractograma de los microtubos de ionomero de vidrio en presencia de arginina

En la imagen a y b de la fig 10, se observa al miroscopio óptico una muestra de los compuestos de ionomero de vidrio en presencia del aminoácido, se puede apreciar en éstas imágenes que la morfología de las microestructuras son en forma de bamboo, lo cual quiere decir que el aminoácido esta controlando la forma y tamaño de estas estructuras en forma aleatoria y mediante el mecanismo de autoensamblaje molecular a tráves de la interacción electrostática entre los enlaces OH-Si-Al-F del ionomero y el aminoácido L-arginina.

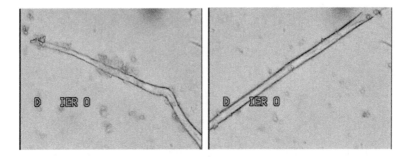

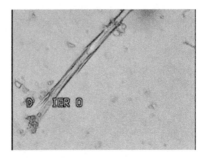

Fig 10 Imágenes de microscopio óptico

Conclusiones

En éste trabajo se reporta la construcción de un sistema modelo para la síntesis de nanopartículas de TiO_2, utilizando polisacáridos, asimismo la síntesis de nanorods en presencia de ADN y el péptido poli L-lisina a través del proceso sol-gel de los óxidos metálicos de tántalo y titanio. Su importancia radica principalmente en dos aportaciones: la primera, es la síntesis de nanopartículas del óxido metálico de titanio y la formación de nanorods en presencia de ADN y el péptido poli L-lisina tanto del precursor de tántalo como de titanio; la segunda, se propone un procedimiento experimental para lograr la formación de materiales nanoestructurados en sistemas orgánicos. La primera aportación, que de hecho es el sistema en sí, consiste en una colección de nanopartículas y nanorods con morfología aleatoria de los óxidos metálicos, la morfología en doble hélice encontradas en muchos de los nanorods, indican que los óxidos metálicos adquieren la forma doble hélice del ADN, aunque en la actualidad no se conoce a ciencia cierta porque los nanorods tienen morfología aleatoria, existe la posibilidad de que éste hecho se deba a la autoorganización de las moléculas involucradas, ya que es una de las características principales del reconocimiento molecular y no necesariamente a la unión específica que podría caracterizar al autoensamblaje con secuencias lineales de ADN.

La morfología tanto de las nanopartículas como de nanorods y el número de ellas, podría ser diferente, por lo que posteriormente con éste sistema sería posible estudiar varios aspectos de la síntesis y funcionalidad de las nanoestructuras en sistemas biológicos, como lo es, la presencia de soluciones conteniendo polisacáridos, en la síntesis de nanopartículas, y el uso de ADN y péptidos como la poli L-lisina, para la producción de nanorods, entre los aspectos que se mencionan anteriormente están: i) efecto del polisacárido sobre el control de las nanopartículas de óxidos metálicos, ii) efecto de la concentración de ADN en la síntesis de nanorods, iii) efecto del tamaño del ADN sobre los óxidos metálicos, iv) efecto de concentración del péptido poli L-lisina sobre los óxidos metálicos, v) efecto de la temperatura sobre el sistema, y vi) efecto de los grupos funcionales tanto de los óxidos metálicos como del ADN y el péptido, sobre la funcionalidad de los sistemas biológicos en la síntesis de nanoestructuras. Los resultados del trabajo se sustentan en evidencias de tipo biológico y morfológico, hasta éste momento conocemos que tanto las nanopartículas y nanorods sintetizados, han sido estables por lo menos en mantener la morfología esperada en presencia de sistemas biológicos. El sistema modelo que proponemos para la síntesis de nanopartículas y nanorods de óxidos metálicos y el estudio de la funcionalidad en sistemas biológicos, supera a los sistemas que se han propuesto en la literatura, ya que por presentar un fragmento de ADN mayor, y la presencia de un péptido, permitirá además analizar su efecto en óxidos metálicos como el titanio y tántalo y posiblemente pueda ser utilizado en otros sistemas con diferentes metales y de ésta manera poder probar la eficiencia de sistemas orgánicos en la formación de nanoestructuras con diversa morfología.

Referencias

1- K. I. Park, Y. D. Teng and E. Y. Zinder, The injured brain interacts reciproccally with neural ítem cells supported by scaffolds to reconstituye lost tissue, Nature Biotechnol 20 (2002), pp 1111-1117.

2- Mills A., S. J. Le Hunte,. 1997. Photochem. Photobiol. A: Chem. Vol.108 p.1.

3- Giacomelli C. E.; Avena M. J; C. De Pauli D. J. 1997. Colloid Interface Sci.vol.188 p.387

4- Ball, P. *Made to Measure: New Materials for the 21st Century*, Princeton

University Press: Princeton, NJ, 1997.

5- *Williams, D.F. The Williams Dictionary of Biomaterials*, Liverpool University

Press: Liverpool; UK, 1999.

6- K. I. Park, Y. D. Teng and E. Y. Zinder, The injured brain interacts reciproccally with neural ítem cells supported by scaffolds to reconstituye lost tissue, Nature

Biotechnol 20 (2002), pp 1111-1117.}

7- Beata Czarnecka[a] and John W. Nicholson[b,] A preliminary study of the interaction of glass-ionomer dental cements with amino acids Dental Materials 2005 pp 133-137 vol.22.

8- Yusuke Takahashi[a], Satoshi Imazato[a,·], Andrea V. Kaneshiro[a], Shigeyuki Ebisu[a], Jo E. Frencken[b] and Franklin R. Tay[c]Antibacterial effects and physical properties of glass-ionomer cements containing chlorhexidine for the ART approach 2005 vol.22 pp 647-652.

9- Helena Yli-Urpo,Lippo V. J. Lassila, Timo Närhi and Pekka K. Vallittu. Compressive strength and surface characterization of glass ionomer cements modified by particles of bioactive glass 2003 vol 21.pp 201-209.

10- Min-Huey Chen, Ci-Rong Chen, Seng-Haw Hsu, Shih-Po Sun and Wei-Fang Su Low shrinkage light curable nanocomposite for dental restorative material 2006 vol. 22 pp 138-145

11- Dupont-Gillain C. C., Rouxhet P. G., 2001. Nano Lett1, p.245.

12- Imhorf A., 2001. Langmuir vol.17 p.3579.

13- Caruso f., 2001. Adv. Mater. Vol. 13 p.11.

14- Hoye P. 1996. Langmuir vol.12 p.141.

15- Nils D K. Rainer, S. Manfred 1999. Scince vol .286 p. 1130

16- Sugimoto T., Sakata and A K., Muramatsu, *J*. 1999. *Colloid Interface Sci.*, vol.159 p.372.

17- Jane Y. Park, Metin H. Acar, Ariya Akthakul, William Kuhlman, Anne M. Mayes, Polysulfone-graft-poly(ethylene glycol9 graft copolymers for surface modification of polysulfone membranas Biomaterials 27 (2006) 856-865.

18- K. Naka, Y. Chujo, Chem Mater.2001,13,3245]

19- Sung- Wook Cheng, David S. Ginger, Mark W. Morales, Zhengfan Zhang, Venkat Chandrasekhar, Mark A. Ratner, and Chad A. Mirkin Top-Down Meets Bottom-Up: Dip-Pen Nanolithography and DNA-Direct Assembly of Nanoscale Electrical Circuits

20- S. Busch, U. Schwarz, R. Kniep, Chem. Mater. 2001 13, 3160

CAPITULO 7

Formacion de nanorods de silicato de aluminio en presencia de l-arginina

Resumen

En éste trabajo nosotros hemos sintetizado nanorods de silicato de aluminio con un rango de 20 a 60 nm de diámetro y varios micrómetros de longitud por medio del aminoácido linear L-Arginina y usando polvos de aluminosilicato como precursores a través del método sol-gel. Los geles fueron calcinados a una temperatura de 200° C y los polvos fueron caracterizados por microscopio electrónico de barrido y transmisión, análisis termogravimétrico y difracción de rayos-X. Los resultados muestran que la formación in vitro de nanorods en presencia de L- Arginina puede ser activada. De éste modo, nosotros reportamos la síntesis de biomateriales híbridos hechos de polímeros orgánicos en materiales inorgánicos que pueden ser promisorios para ser usados en áreas como la biotecnología molecular, materiales nanoestructurados y sistemas biocatalíticos.

Palabras clave: Silicato de aluminio, arginina, sol-gel.

Introducción

La utilización de ionómeros de vidrio en el área odontológica, han sido utilizados como cementos restaurativos [6]. Asimismo, se han usado ionómeros de vidrio para estudiar cómo son afectados en presencia de aminoácidos como la glicina y alanina. También han sido estudiados sus efectos antibacteriales y sus propiedades físicas en combinación con clorexidina [7]. Puesto que en el laboratorio, estamos interesados en el estudio de la síntesis y funcionalidad de nuevos materiales dentales, compuestos de ionómeros de vidrio desarrollados a partir del aminoácido L-arginina mediante el proceso sol- gel, consideramos que la construcción de nanoestructuras tubulares nos permitirá contar con un sistema modelo no sólo para el análisis de la eficiencia en el uso de moléculas orgánicas y poliméricas sino también para la funcionalidad de éstos materiales en diversas aplicaciones industriales y médicas.

Materiales y métodos

En el presente estudio se utilizaron los materiales: Silicato de aluminio autopolimerizable (marca Fuji); alcohol etílico y agua bidestilada. Las muestras fueron preparadas, mediante una modificación del proceso sol-gel (Jeong, et al., 1997). En un primer paso, se preparó una solución llamada (sol), con 200 mg de silicato de aluminio y 2 ml de HCL pH 2.0; posteriormente, la solución (conteniendo silicato de aluminio), se agitó ligeramente por 24 h para disolver el silicato en un agitador magnético, luego se añadieron a la solución, 10 µl del aminoácido Arginina a una concentración de 10,000 µg/ml, se agitó ligeramente durante un minuto para homogeneizar ambos compuestos y permitir la interacción de las moléculas de arginina y el silicato de aluminio. Después se retiró la solución del agitador magnético y se mantuvo a una temperatura de 28° C por un periodo de siete días, mientras se llevaba a cabo la polimerización y obtener el compuesto llamado gel. Posteriormente, se calcinó el gel a una temperatura de 200° C y se caracterizó por medio de Microscopio Electrónico de Barrido (MEB mod. JSM5800 USA), asimismo, se recurrió al uso del Microscopio Electrónico de Transmisión (MET Philips mod. CM-200 a 200 kV USA) y a los patrones de difracción de rayos –X.

Resultados

La Figura 1 muestra una imagen de microscopio electrónico de barrido (MEB) de las nanoestructuras de silicato de aluminio y arginina, se puede apreciar que la morfología de éstas estructuras son tubulares con diámetros de entre 20 y 60 nm y varias micras de longitud, en la Figura 2, se muestra una micrografía de microscopio electrónico de transmisión, se observa que la superficie de la nanoestructura presenta bordes irregulares y no presenta orificio de salida lo cual se estima que éste tipo de estructura corresponde a lo que se conoce como nanorod, el diámetro de esta estructura es de aproximadamente 60 nm. La formación de dichas nanoestructuras puede estar mediada por la interacción electrostática por medio de la Guanidina presente en la arginina que provee cargas positivas formando enlaces de hidrógeno que interactúan con las cargas negativas del precursor de silicato de aluminio, ya que ésta posibilidad es mayor debido a que de acuerdo al pH ácido en el cual fueron formados, el sistema se encontraría estabilizado, por lo que no se presentarían barreras energéticas que son comunes cuando en los sistemas de interacción de moléculas orgánico-inorgánico predominan los medios alcalinos.

En la figura 3 (a) se muestra un análisis Termogravimétrico de los compuetos, se puede observar una perdida de peso cerca de 100° C la cual fue acompañada de un pico endotérmico. Adicionalmente la perdida de peso se notó a 250° C, en la imagen (b) de la misma figura, se presenta un análisis térmico diferencial de dichas nanoestructuras antes de calcinar a 200° C y se puede observar un pico exotérmico a 300° C. Adicionalmente se realizó un análisis de difracción de rayos-X de las muestras después de calcinar a 200° C, Figura 4, en la cual se muestra que las muestras de las nanoestructuras presentan fase amorfa no detectándose ningún pico que pudiera ser indicativo de la presencia de fases cristalinas de silicato de aluminio.

Figura 1. Imagen de microscopio electrónico de barrido de los nanorods de silicato de aluminio en presencia de L-arginina.

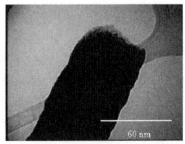

Figura 2. Imagen de microscopio electrónico de transmisión de un nanorod.

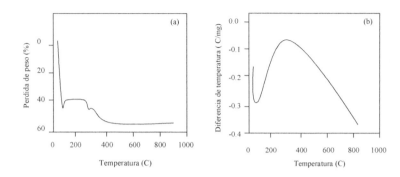

Figura 3. Imagen (a) Análisis termogravimétrico de los compuestos de silicato de aluminio y arginina, la imagen (b) corresponde a un análisis térmico diferencial.

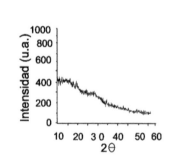

Figura 4. Patrón de difracción de rayos x de las nanoestructuras calcinadas a 200° C.

Conclusiones

En conclusión ésta puede ser una nueva ruta para la síntesis de nanorods de silicato de aluminio. Las nanoestructuras mostraron una morfología amorfa. La formación completa de los compuestos de silicato de aluminio/arginina fue acompañada por tratamiento térmico a 200° C. Con la metodología descrita es posible estudiar aspectos en la funcionalidad de nuevas estructuras en interacción con moléculas biológicas y los efectos de las concentraciones de diversos biomateriales

Referencias

[1]. Park K.I, Teng Y D, Zinder EY, The injured brain interacts reciproccally with neural ítem cells supported by

scaffolds to reconstituye lost tissue, 2002; 20: 1111-1117.

[2]. Mills A, Hunte SJ, Photochem. Photobiol. A: Chem. 1997;108: 1.

[3]. Giacomelli C E, Avena MJ, De Pauli CDJ, Colloid Interface Sci. 1997 ;188 : 387.

[4]. Ball P, *Made to Measure: New Materials for the 21st Century*, Princeton University Press: Princeton, NJ, 1997.

[5]. *William, DF, The Williams Dictionary of Biomaterials*, Liverpool University Press: Liverpool; UK, 1999.

[6]. Beata C, John W, Nicholson. A preliminary study of the interaction of glass-ionomer dental cements with amino acids Dental Materials 2005; 22: 133-137.

[7]. Yusuke T, Satoshi I, Andrea V, Kaneshiro S, Ebisua J, Frenckenb E, Franklin RT, Antibacterial effects and physical properties of glass-ionomer cements containing chlorhexidine for the ART approach 2005; 22: 647-652.

CAPITULO 8

Síntesis de Compósitos de Polietilenglicol utilizando la Calcitonina como Biopolímero

Resumen

Los polímeros biológicos son considerados como la siguiente generación de materiales en campos tales como la farmacología, ingeniería de tejidos y biomateriales avanzados. En éste trabajo se sintetizaron compósitos de polietilenglicol en presencia de calcitonina. La morfología de los compósitos fue caracterizada por medio de patrones de Difracción de rayos –X, Microscopio Electrónico de Barrido y Microscopio Electrónico de Transmisión. Ésto fue posible para identificar parámetros semicuantitativos (Ej. porcentaje de compuestos químicos). Los compósitos presentan diámetros entre 1 y 3 µm, una fase amorfa y estructura porosa con granos de 5 nm de diámetro. Éste fácil método puede ser usado en la preparación de materiales para aplicaciones biomédicas, farmacología molecular y odontología molecular. Por lo tanto, éste estudio demuestra que los compósitos obtenidos exhiben características consistentes que pueden facilitar la formación de tejido duro oral.

Palabras clave- biomédico, tejido pulpar, sol-gel, aminoácido

Introducción

Los compósitos de polietilenglicol (PEG), son un tipo de compuestos que son formados por la interacción de redes poliméricas de origen biológico como la calcitonina, que sirven para la liberación y disponibilidad de fármacos en diversos órganos de acción (tejidos blanco). De ésta manera, el desarrollo de nuevos materiales para uso en el campo de la ciencia de la salud, ha ido en aumento debido a la necesidad por encontrar nuevas rutas basadas en terapias en el campo de la medicina regenerativa (Park *et al.*, 2002), ya que en la actualidad la síntesis de materiales es demasiado elevado (Mills y Hunte, 1997; Giacomelli *et al.*, 1997). En décadas pasadas se han realizado avances en el desarrollo de materiales biocompatibles y biodegradables para aplicaciones biomédicas e industriales. En el campo biomédico, la meta es desarrollar y caracterizar materiales para uso en el cuerpo humano, para medir y restaurar las funciones fisiológicas. Es así, como se han usado materiales inorgánicos (cerámicos, metales y vidrios) materiales poliméricos (sintéticos y naturales) y el uso de compósitos dentales como resinas o amalgamas de zirconio/platino/mercurio (Ball, 1997; *Williams*, 1999). De igual manera se han utilizado polímeros como el polietilenglicol en combinación con materiales como el polisulfonato para desarrollar membranas de injertos biocompatibles (Jane, *et al.*, 2006). Asimismo, se han realizado estudios para comprender los mecanismos por los cuales las moléculas biológicas interactúan dirigiendo la formación de nuevas macroestructuras con capacidad de biocompatibilidad a niveles molecular y atómico, tal es el caso en donde se desarrollaron estructuras dendriméricas de poliaminas que atrapan iones de calcio en cristales modificados (Naka y Chujo, 2001), o en el desarrollo de estructuras diseñadas con moléculas de ADN para la fabricación de biosensores a base de gel y fluorapatita para la construcción de materiales estructurados exhibiendo algunas de las características del esmalte dental (Sung, *et al.*, 2003; Busch, *et al.*, 2001). Dichos compuestos pueden ser utilizados en la fabricación de nuevas vías en la liberación de drogas como la técnica de microencapsulación agua/aceite/agua (Kissel et al., 2002) síntesis de biomateriales, electrónica molecular y procesos relacionados con catálisis biológica.

El objetivo de éste trabajo fue desarrollar compósitos de polietilenglicol a través de una modificación al proceso sol-gel usando Calcitonina como biopolímero como agente dopante ya que por poseer características antiinflamatorias, algésicas, así como participar en el metabolismo de la actividad osteoblástica, puede inducir la formación de puentes de calcio a nivel de tejido pulpar.

Materiales y métodos

Para la formación de los compósitos, se realizó una modificación del proceso sol-gel (Jeong, et al., 1997). En un primer paso, se preparó una solución llamada (sol), con 200 mg de polietilenglicol (PEG), y 2 ml de agua bidestilada, posteriormente la solución (conteniendo PEG), se agitó ligeramente por 24 h para disolver el polietilenglicol en un agitador magnético, ya que si bien éste es hidrosoluble, no puede manejarse adecuadamente por su densidad.

Luego se añadieron a la solución, 10 µl de Calcitonina de salmón a una concentración de 10,000 µg/ml, se agitó ligeramente durante un min para homogenizar ambos compuestos y permitir la interacción de las moléculas de calcitonina y el polietilenglicol. Después se retiró la solución del agitador magnético y se dejó a 28° C por 7 d mientras se llevaba a cabo la polimerización y se obtuviera un compuesto llamado gel. Posteriormente se dejó que el gel se secara a temperatura ambiente y de ésta manera, se caracterizó sin ningún tratamiento previo, mediante: Microscopio Electrónico de Barrido (MEB mod. JSM5800 USA) equipado con energía dispersiva de rayos-X (EDS) así como en un Microscopio Electrónico de Transmisión (TEM Philips mod. CM-200 a 200 kV USA) y por medio de patrones de difracción de rayos –X. En la Figura 1 se muestran los pasos generales del proceso.

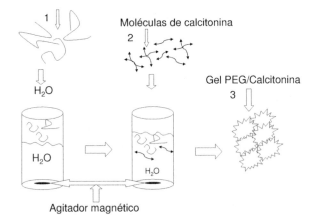

Fig.1- Pasos generales del proceso 1= Adición de las moléculas del polímero polietilenglicol en agua para producir una solución; 2= incorporación de las moléculas de Calcitonina a la solución conteniendo PEG; 3= Formación del gel conteniendo el compósito PEG/Calcitonina.

Resultados y discusión

En éste artículo, una ruta fácil para obtener compósitos de polietilenglicol en presencia de calcitonina es presentada. En la Figura 2 imagen A), se muestra una imagen de microscopio electrónico de barrido de una muestra conteniendo polietilenglicol en ausencia de calcitonina, se puede observar que la muestra presenta una morfología compacta y homogénea y su superficie es irregular. En la imagen B de la misma Figura 2, se observa una muestra del compósito en presencia de calcitonina; ésta, presenta apariencia compacta con bordes irregulares, con característica porosa en su gran mayoría.

A)   B)

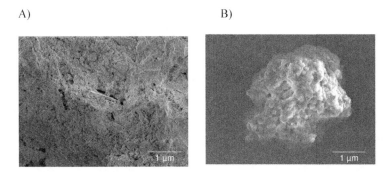

Fig. 2.- A)- Polietilenglicol en ausencia de Calcitonina; B)- compósito de polietilenglicol / Calcitonina.

En la figura 3 se observa la gráfica de distribución de tamaño de partículas encontradas, la distribución muestra que la mayoría del tamaño de partículas encontradas, oscila entre 2 y 3 μm de diámetro.

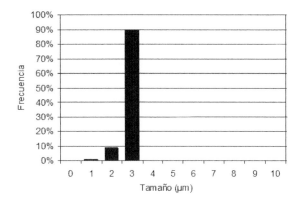

Fig. 3 Gráfica de distribución de partículas del compuesto PEG/Calcitonina

Entre otras cosas, cuando el experimento fue llevado sin la presencia de calcitonina, estructuras irregulares fueron obtenidas, como puede observarse en la imagen de la figura 2 A). Algunos procesos para desarrollar compósitos con polímeros orgánicos para la liberación de drogas han sido discutidos en trabajos realizados por (Chattopadhyay, *et al*., 2002) con la técnica de precipitación supercrítica antisolvente, en donde los polímeros son disueltos en disolventes como CO_2 a condiciones supercríticas. Los procesos sol-gel no sólo ofrecen la ventaja de usar alcóxidos metálicos, sino también otro tipo de moléculas, y se basan en el control de la reacción por hidrólisis y condensación a través de medios químicos y no por química coloidal donde los grupos alcoxi OR (R= grupo orgánico saturado o insaturado) es un fuerte donador de enlaces π que estabiliza el alto estado de oxidación del precursor (Kubo, et al., 1998).

En la modificación de la técnica sol-gel, para activar la formación de los compósitos PEG/Calcitonina, se llevó a cabo mediante un proceso llamado autoensamblaje molecular en donde los grupos aminos de la cadena de 32 aminoácidos que componen la Calcitonina, (Figura 4 A) interactúan con las moléculas del polietilenglicol (Figura 4 B). En éste caso la relación de Calcitonina a polietilenglicol fue mantenida a 1:20, para activar una buena dispersión de la Calcitonina en la matriz polimérica de polietilenglicol formando lo que se conoce como redes poliméricas interpenetradas, ésto permite que la microencapsulación de la hormona se lleve a cabo. Los parámetros de optimización están actualmente bajo investigación así como estudios de biodisponibilidad en modelos animales y tejidos dentales y podrán ser presentadas en una futura publicación.

A)

B)

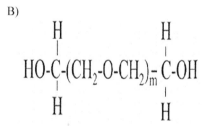

Fig 4.- A) Secuencia de 32 aminoácidos de la cadena polipeptídica que conforma la calcitonina, B) Estructura del polímero polietilenglicol (PEG).

En la Figura 5, se presenta un análisis semicuantitativo mediante energía dispersiva de rayos - X de los compuestos químicos que contiene la muestra del compósito PEG/Calcitonina, se puede identificar un pico superior que corresponde al carbono con un porcentaje en peso de 64.89 %, un pico menor correspondiendo al oxigeno con un porcentaje en peso de 30.28 % y dos picos inferiores que corresponden a azufre con porcentaje en peso de 0.39 % y al calcio con 0.31 % respectivamente.

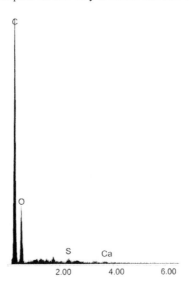

Fig. 5.- Espectro de análisis de energía dispersiva de rayos-X de los compósitos PEG/Calcitonina.

La estructura amorfa de los compósitos fue identificada por medio de difracción de rayos-X, después el gel, fue secado a 28° C. Se puede observar en el difractograma de la Figura 6, que no existen picos de difracción que puedan identificar la cristalinidad del compuesto por la rápida evaporación de agua durante el secado del gel. Otros trabajos relacionados con el desarrollo de compuestos poliméricos reportan la formación de fases cristalinas por medio de técnicas hidrotermales dependiendo de los compuestos poliméricos y el tratamiento térmico usado (Mogyrosi, et al., 2003).

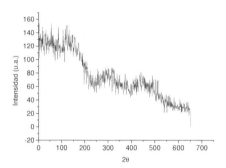

Fig. 6. – Difractograma de rayos- X de los compósitos PEG/Calcitonina.

Por otro lado en la Figura 7, se observa una imagen de los compósitos PEG/Calcitonina mediante microscopio electrónico de transmisión en modo de campo claro, en ésta imagen se aprecia la porosidad de la estructura conformada por gránulos con tamaños de aproximadamente 5 nanómetros (nm). El control en el ensamblaje de la calcitonina y el polietilenglicol se basa en la unión entre enlaces covalentes que se forman durante el proceso de polimerización dando lugar a una unión específica tanto de las moléculas de calcitonina como del polietilenglicol (Monreal, et al., 2005).

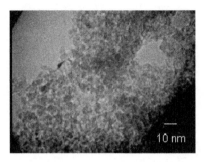

Fig. 7.- Imagen de microscopio electrónico de transmisión de los compósitos PEG/Calcitonina.

Conclusiones

En conclusión ésta puede ser una nueva ruta para la síntesis de compósitos de polietilenglicol. Los compósitos mostraron una morfología amorfa y un diámetro de entre 1 y 3 μm, su estructura esta conformada con partículas de 5 nm aproximadamente. La formación completa de los compósitos PEG/Calcitonina fue acompañada por tratamiento térmico a 28° C.

Referencias

Ball, P. 1997: *New Materials for the 21st Century,* Princeton University Press:

Princeton, NJ.

Busch, S., U. Schwarz,. and R. Kniep, 2001. Mofphogenesis and Structure of Human Teeth in Relation To Biomimetic Grown Fluorapatite. Gelation Composites *Made to Measure* Chem. Mater. 13 (10): 3160.

Chattopadhyay, P., R.B. Grupta. 2002 Protein nanoparticles formation by supercritical antisolvent with enhanced mass transfer. Journal American Institute of chemical Engineering 48(2):235-44.

Giacomelli, C., C.M. Avena, D. J. De Pauli. 1997. Adsorption of Bovine Ser

Albumine TiO$_2$ Colloid Interface Sci.188: 387-395.

Acar, J., M.H. Akthakul, W. Kuhlman and A.M. Maynes. 2006. Polysulfone-graft-poly(ethylene glycol) graft copolymers for surface modification of polysulfone membranes Biomaterials 27 : 856-865.

Jeong, B., Y.H. Bae, D.S. Lee, S.W. Kim. 1997. Biodegradable block copolymers as inyectable drug-delivery, Nature. 388(6645): 860-862.

Kissel, T., Y. Li, F. Unger ABA. 2002. Triblock copolymers from biodegradable polyester A-blocks and hydrophilic poly (ethylene oxide) B- blocks as a candidate for in situ forming hydrogel delivery systems for proteins. Adv. Drug Delivery Rev. 54(1): 99-134.

Kubo, M., T. Kawakatsu, T. Yonemoto. 1998. Trans IChemE 76: 669.

Mills, A., and Le Hunte, J. 1997. An overview of semiconductor photocatalysis

Photochem. Photobiol. A: Chem.108 (1): 1.35.

Mogyrosi, K., I. Dekani, J. H. Fendler. 2003. Preparation and characterization of clay mineral Intercalated titanium dioxide nanoparticles American Chemical Society Langmuir 19:2938-2946.

Monreal, A., A. Martínez, J. Chacón, D. Glossman, P. Garcia and C. Martínez. 2005. "Synthesis of TiO$_2$ nanorods in the presence of linear DNA plasmid pBR322 by a sol-gel process" Nanotechnology 16: 1272-1277.

Naka, K., and Y. Chujo. 2001. Control of Crystal Nucleation and growth of calcium Carbonate by Synthetic Substrate Chem Mater.13(10):3245-3259.

Park, K., I. Tengl and E. Snyder. 2002. The injured brain interacts reciproccally with neural item cells supported by scaffolds to reconstituye lost tissue, Nature Biotechnology 20: 1111-1117.

Sung, W., Ch. Ginger, S. David, W. Mark, Z. Zhang, Ch. Sekhor, M. Rather, A. Mirkin and A. Chad. 2003. Top-Down Meets Bottom-Up: Dip-Pen Nanolithography and DNA-Direct Assembly of Nanoscale Electrical Circuits Nano lett. 6:235-289.

Williams, D.F. 1999.*The Williams Dictionary of Biomaterials,* Liverpool University Press: Liverpool; UK. Vol. I 64-69.

CAPITULO 9

Formación de nanopartículas de titanio usando polisacáridos por medio de la técnica sol-gel

Resumen

Las partículas metálicas finas de óxido son ampliamente utilizados en aplicaciones industriales como catalizadores, pigmentos, etc en este trabajo nanopartículas de dióxido de titanio, fueron sintetizados por hidrólisis controlada de alcóxido de titanio en presencia de un polisacárido lineal (1-3 β-D y 1 galactapyranosa , 4 3,6 anyhdro-α-L-galactopiranosa). Las nanopartículas de alrededor de 10 hasta 100 nm se obtuvieron cuando el polisacárido fue usado. Las nanopartículas obtenidas fueron caracterizadas por microscopía electrónica de barrido, la espectroscopia de energía dispersiva, difracción de rayos X , microscopía electrónica de transmisión, y la distribución de análisis de partículas.

Introducción

Las nanopartículas de TiO_2 son ampliamente utilizados en muchas aplicaciones industriales como catalizadores, cerámicas, pigmentos, etc, en química, médica y campos de la biología, [1-3], entre otros. El método de hidrólisis utilizando un alcóxido, en solución de alcohol, se ha propuesto para producir partículas esféricas monodispersas finas de un óxido metálico tal como Al_2O_3 [4], SiO_2 [5], Ta_2O_5 [6], TiO_2 [7-9], y ZrO_2 [10]. De estas partículas de óxido metálico, el dióxido de titanio (TiO_2) es un material industrialmente y tecnológicamente importante, y se aplica ampliamente como un pigmento, catalizador, y foto-conductor [11]. Partículas Nanométricas de TiO_2 tienen interesantes propiedades tales como alta resistencia mecánica, baja temperatura de sinterización, y la eficiencia catalítica mejorada, entre otros [12]. Por lo tanto, muchos esfuerzos se han dirigido hacia la síntesis de nanopartículas de TiO_2. El objetivo principal de este trabajo es presentar un camino fácil para la preparación de nanopartículas de TiO_2 facilitados por un polisacárido lineal, tales como β-D galactapyranose y 1,4 3,6-α anyhdro-L-galactopiranosa.

Materiales y métodos

El material utilizado como precursor para la síntesis de nanopartículas fue isopropóxido de titanio (IV) Ti [OCH (CH3) 2] 4 (97% en etanol, pH = 5,2) y se preparó mediante el recubrimiento en una solución de TiO2 seguido por un proceso de secado y de calcinación. Para la formación de gel, una solución de unidades repetidas de polisacárido 99% de grado químicamente puro (1-3 β-D galactapyranosa y 1,4 ligado 3,6 anyhdro-α-L-galactopiranosa) fue utilizado. Aproximadamente 200 μl de la solución de polisacárido se calentó hasta 40 ° C durante aproximadamente 30 minutos. Después, 200 μl de isopropóxido de titanio se añadió gota a gota. De esta manera, el crecimiento del precursor metálico fue controlada por la red de polisacáridos. Posteriormente, el gel se coloca en el tubo 1 ml y se centrifugó a 12.000 rpm durante 5 minutos a 28 ° C. Posteriormente, el gel concentrado se vertió y el precipitado se lavó varias veces con agua desionizada para eliminar cualquier cantidad de gel. Posteriormente, se centrífuga a 12.000 rpm durante 5 minutos para recuperar el precipitado en polvo, seguido por un período de 48 horas en una incubadora a 28 ° C para evaporar el agua residual. Después de esto, los polvos se calcinan en una mufla de laboratorio a 810 ° C durante 20 horas. La morfología y el análisis de las partículas obtenidas se estudió por MEB / EDS. MET y las imágenes se obtuvieron por medio de un microscopio Phillips CM-200 de electrones utilizando un voltaje de aceleración de 200 kV. La fase cristalina de polvos calcinados fue identificado por DRX en un Philips X'PRET difractómetro de rayos X.

Resultados y discusión

El gel de polímero se preparó usando un método similar al descrito por Sugimoto et. al. [13]. Fig. 1, muestra una micrografía MEB de nanopartículas de dióxido de titanio obtenidas. La mayoría de las partículas en el aglomerado tenían una forma esférica. Hasta cierto punto, esto podría esperarse debido a la estructura de la red del polisacárido. La fig. 2 muestra la distribución del tamaño de partícula encontrado. La trama de distribución de tamaño de la muestra que la mayoría de las nanopartículas obtenidas en este trabajo tuvieron tamaños de entre 30 y 60 nm de diámetro. Tamaños de partícula pequeños (3-10 nm) se ha informado mediante métodos tales como la adsorción / hidrólisis y heterocoagulación [14]. La forma y el tamaño observado podría ser inducida y controlada por la red polimérica del gel en fase líquida. En cierta medida, esto impide que cuando se añade el precursor de titanio, las partículas crezcan en una forma desordenada. A fin de determinar si la solución de polisacárido controla la morfología de las nanopartículas, un experimento de control se llevó a cabo sin la presencia de polisacárido. El resultado en la figura. 3 muestra que las partículas obtenidas tenían una forma irregular y una disposición desordenada. Aquí, es importante tener en cuenta el tamaño de partícula de gran tamaño (hasta alrededor de 2000 nm) de muchos de ellos. Así, sin la presencia de la red de gel polimérico, el precursor metálico tiende a homogeneizar y condensar irregularmente.

El proceso sol-gel ofrece la ventaja de utilizar alcóxidos metálicos y controlar las velocidades de reacción mediante el control de la hidrólisis y la condensación por medios químicos y no por la química coloidal ya que el grupo alcoxi o (R = grupo orgánico saturado o insaturado) es un fuerte enlace π donante y estabilizar el estado de oxidación más alto del metal [9]. Como las partículas crecen y se mueven una contra la otra, se produce condensación de macropartículas de conformación. Tras la adición del polisacárido, y una vez que la solución se ha mezclado el proceso de gelificación comienza (este es el punto de gelificación). Desde este punto, la conversión de sol-gel es gradual y las partículas más y más se interconectan en la red de polisacáridos. En nuestro procedimiento experimental, el uso del polisacárido (a una concentración dada) ayuda a controlar el tamaño de las partículas formadas. Esto podría ser debido al hecho de que las partículas podrían pasar a través de los grupos O alcoxi y los grupos aniónicos de polisacárido antes de que el gel polimerizado [1].

Figura 1 -. Micrografías MEB muestran la forma de la nanopartículas de TiO$_2$ formado utilizando el compuesto polisacárido.

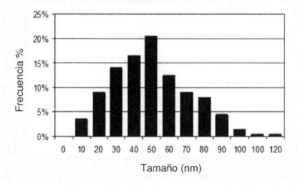

Figura 2 -. La distribución de tamaño de partícula de nanopartículas de TiO$_2$.

Figura 3 -. Micrografías que muestran las grandes partículas de TiO_2 de forma
Irregular formadas sin el compuesto polisacárido.

La figura 4 muestra los resultados del análisis de EDS en las partículas de TiO_2.
Como puede verse en el espectro, las señales importantes están asociados con los
análisis de punto de Ti y O. sobre diversas partículas dieron resultados muy similares.

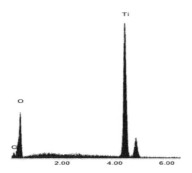

Fig. 4 -. Típico espectro de EDS de la nanopartículas de TiO_2 obtenido.

MET imágenes muestran la morfología y el patrón de difracción de las nanopartículas. Fig. 5 (a) muestra las nanopartículas de tamaño de aproximadamente 20-80 nm. El patrón de difracción seleccionado de la zona de los polvos se muestra en la Figura 5 (b). Se muestra los anillos de difracción de los (101), (004), (200), (211) y (204) de la fase anatasa.

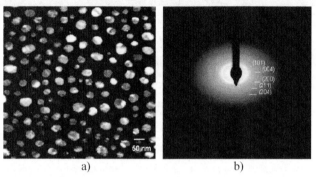

a)   b)

Figura 5 –Imagen MET (a) y b) de la zona de difracción seleccionados de las nanopartículas de TiO₂.

Los resultados de difracción de rayos X de nanopartículas preparadas posterior a la calcinación a 810 °C durante 20 h están en la fig. 6. En esta gráfica, la muestra se caracteriza por picos de 25.3 °, 37.9, 48 °, 55 °, ° 62.1, ° 68.7 y 75 °, que corresponden a la fase anatasa y un pico de 30,9 ° correspondiente a la fase brookita de TiO_2. En su trabajo sobre redes porosa de TiO_2 Caruso et al [15] reportaron la formación de anatasa a temperaturas por debajo de calcinación 990°C. Por encima de esta temperatura, la formación de fase rutilo se mencionó. Otros trabajos sobre la síntesis de nanopartículas de TiO_2 informan la formación de anatasa y rutilo a temperaturas de calcinación hidrotermales de aproximadamente 1000 °C a 1500°C, dependiendo de los compuestos químicos y tratamientos térmicos utilizados [14].

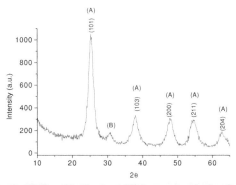

Fig. 6 -. Difracción de rayos X de nanopartículas de TiO₂

Bajo las condiciones experimentales en este trabajo, se obtuvieron nanopartículas de dióxido de titanio. Sin embargo, somos conscientes de que parámetros importantes, tales como el efecto de los polisacáridos y la composición de precursores metálicos y las concentraciones, el intervalo de tiempo y las condiciones de calcinación son de suma importancia y se encuentran actualmente en estudio.

Conclusiones

Nanopartículas de dióxido de titanio de forma esférica en intervalo de 30 hasta 100 nm se obtuvieron mediante un proceso sol-gel facilitada por la presencia de un polisacárido lineal. Análisis EDS en las nanopartículas indicado principalmente la presencia de Ti y O. Por otro lado, los resultados de DRX muestran la fase de Ti formado por calcinación era anatasa con ninguna indicación de la formación de rutilo. El método utilizado implica varios pasos: i) la separación de las cadenas lineales de polímero por hidrólisis, ii) la formación de una red polimérica porosa, iii) la adición del precursor metálico a la red polimérica, iv) la formación de nanopartículas v) la recuperación de las nanopartículas por centrifugación, y, vi) calcinación y precipitado. Este método ofrece una vía fácil para obtener nanopartículas de TiO₂ y podría extenderse hacia la síntesis de óxidos de transición.

Referencias

[1].- A. Mills, S. Le Hunt, J. Photochem. Photobiol. A: Chem., Vol.108 (1997), p.1.

[2].- C. E. Giacomelli, M. J. Avena, C. D. de Pauli, J. Colloid Interface Sci., Vol.188 (1997), p.387.

[3].- P. Zhang, R. Scrudato, R. J. Germano, Chemosphere, Vol. 28 (1994), p.607.

[4].- B.E. Yoldas, J. Appl. Chem. Biotechnol. Vol. 23 (1973), p.803.

[5].- S.K. Park, K.D. Kim, H.T. Kim, J. Ind. Eng. Chem. Vol. 6 (2000), p.365.

[6].- T. Ogihara, T. Ikemoto, N. Mizutani, M. Kato, Y. Mitarai, J. Mater. Sci. Vol. 21 (1986), p.2771.

[7].- T. Ikemoto, K. Uematsu, N. Mizutani, M. Kato, J.Ceram. Soc. Jpn. Vol.93 (1985), p.261.

[8].- T. Ogihara, M. Ikeda, M. Kato, N. Mizutani, J. Am. Ceram. Soc. Vol.72 (1989), p.1598.

[9].- M. Kubo, T. Kawakatsu, T. Yonemoto, Trans IChemE Vol.76, (1998), p.669.

[10].- L. Lerot, F. Legrand, P. de Bruycker, J. Mater. Sci. Vol.26 (1991), p.2353.

[11].- S. Chen, P. Dong, G.H. Yang, J.J. Yang, Ind. Eng. Chem. Res. 35 (1996), p.4487.

[12].- K. D. Kim, H. T. Kim, Colloids and Surfaces A. Physchem. Eng. Aspects Vol.207 (2002), p.263–269.

[13].- T. Sugimoto, K. Okada, H. Itoh, J. Colloid Interface Science, Vol.193 (1997), p.140.

[14].- K Mogyorosi I. Dekani, and J.H. Fendler American Chemical Society Vol.19 (2003), p.2938.

[15].- A. Caruso Rachel, G. Michael, W. Frank, and A. Markus American Chemical Society Vol.14 (1998), p.6335.

Printed in Great Britain
by Amazon

17520960R00068